CATALOGUE

DES

MOLLUSQUES VIVANTS

TERRESTRES ET AQUATIQUES

DU DÉPARTEMENT DE L'AIN

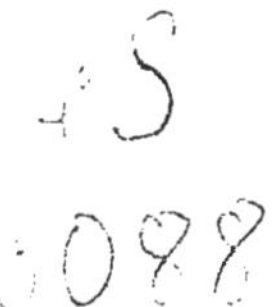

OUVRAGES DU MÊME AUTEUR

Note sur la présence de deux Bone-Bed dans le Mont-d'Or lyonnais. Paris, 1865. 1 br. in-8°.

Monographie géologique du Mont-d'Or lyonnais et de ses dépendances. Lyon, 1866. 1 vol. gr. in-8°, avec carte géologique, coupes et planches (en collaboration avec M. A. Falsan).

Sur la faune des terrains tertiaires moyens de la Corse. Paris, 1872. 1 br. in-8°.

Sur la présence d'ossements humains dans les brèches osseuses de la Corse. Paris, 1873. 1 br. in-4°.

Note sur les brèches osseuses des environs de Bastia (Corse). Lyon. 1873. 1 br. grand in-4°, avec une planche.

Muséum d'histoire naturelle de Lyon, Guide aux collections de zoologie, géologie et minéralogie. Lyon, 1875. 1 vol. in-18 jésus.

Notice sur la vie et les travaux de A.-P. Terver. Lyon, 1877. 1 br. grand in-8°.

Malacologie lyonnaise, ou description des mollusques terrestres et aquatiques des environs de Lyon, d'après la collection A.-P. Terver. Lyon, 1877. 1 vol. gr. in-8°.

Description de la faune des terrains tertiaires moyens de la Corse. Lyon, 1877. 1 vol. gr. in-8°, avec 17 pl. sur chine (description des Échinides, par G. Gotteau).

Note sur les migrations malacologiques aux environs de Lyon. Lyon, 1878. 1 br. gr. in-8°.

Note sur les formations tertiaires et quaternaires des environs de Miribel (Ain). Lyon, 1878. 1 br. gr. in-8° (en collaboration avec M. A. Falsan).

Description de la faune de la mollasse marine et d'eau douce du Lyonnais et du Dauphiné. Lyon, 1878. 1 vol. gr. in-4°, avec 2 pl.

Sur les ravages causés par le « Liparis dispar » sur les platanes des promenades publiques de Lyon, en 1878. Lyon, 1879. 1 br. gr. in-8°.

Description de la faune malacologique des terrains quaternaires des environs de Lyon. Lyon, 1879. 1 vol. gr. in-8°, avec une pl. sur chine.

Les malacologistes lyonnais. Lyon, 1879. 1 br. in-8°.

Guide du géologue à la nouvelle chapelle de Fourvières. Lyon, 1879. 1 br. in-8°.

Observations paléontologiques sur les couches à Ostrea Falsani dans les environs de Hauterives (Drôme). Paris, 1879. 1 br. in-8°, avec 1 pl.

Notice sur Gaspard Michaud, sa vie et ses œuvres. Lyon, 1880. 1 br. in-8°.

Note sur les pluies de boue dans la région lyonnaise. Lyon, 1880. 1 br. gr. in-8°.

Nouvelles recherches sur les argiles lacustres des terrains quaternaires des environs de Lyon. 1 br. gr. in-8°. Lyon, 1880.

Les sciences naturelles et les naturalistes lyonnais dans l'histoire. Lyon. 1880. 1 br. gr. in-8°.

Études sur les Variations malacologiques d'après la faune vivante et fossile de la partie centrale du bassin du Rhône. Lyon, 1880-1881. 2 vol. gr. in-8°, avec 5 pl.

CATALOGUE

DES

MOLLUSQUES

VIVANTS

TERRESTRES ET AQUATIQUES

DU

DÉPARTEMENT DE L'AIN

PAR

ARNOULD LOCARD

LYON
HENRI GEORG, ÉDITEUR
65, RUE DE LA RÉPUBLIQUE

PARIS
LIBRAIRIE J.-B. BAILLIÈRE & FILS
RUE HAUTEFEUILLE, 19

GENÈVE & BALE, HENRI GEORG

1881

Jusqu'à ce jour il n'a été publié aucune étude générale sur la faune malacologique vivante du département de l'Ain. Quelques rares auteurs, dans des travaux d'ensemble ou des monographies particulières, ont bien, à la vérité, cité à diverses reprises quelques formes spéciales à cette région. Mais, malgré la richesse et la variété de cette faune, personne encore n'avait songé à la faire connaître et à en dresser le catalogue.

Nous avons donc pensé qu'il serait intéressant de réunir dans ce mémoire le résumé de plusieurs années de recherches et d'études, et de donner pour la première fois la liste de tous les mollusques que nous avions observés dans les différentes régions de ce vaste département. Quoique nous soyons bien loin de prétendre avoir épuisé tout ce que la science malacologique peut nous apprendre dans une contrée aussi étendue que celle qui nous occupe, nous avons cru cependant devoir dès à présent consigner les résultats de nos observations, nous réservant de les compléter plus tard, lorsque de nouvelles investigations nous auront mis à même d'ajouter quelques pages à ces premières données.

Mais avant d'entrer en matière, il importe de dire quelques mots sur l'habitat général de nos mollusques et de montrer dans quelles conditions géographiques, physiques et géologiques ils se plaisent à vivre.

Si le département de l'Ain a ses limites géographiques bien définies au sud, à l'est et à l'ouest par des cours d'eau aussi importants que ceux du Rhône et de la Saône, il n'en est plus de même lorsqu'il s'agit de sa délimitation dans la partie nord avec les départements voisins. Cette délimitation devient ici, en effet, purement arbitraire. Les chaînes de montagnes qui traversent cette région ont toutes une direction sensiblement nord-sud, de telle sorte que leurs vallons sont tous à peu près parallèles. Il a donc fallu séparer par une ligne essentiellement conventionnelle et non orographique le département de l'Ain, dans sa partie nord, de ceux du Jura et de Saône-et-Loire.

Mais si les données malacologiques s'accommodent assez facilement avec des lignes de séparation aussi nettement tranchées que celles qui limitent le département au sud, à l'est et à l'ouest, nous ne trouvons plus la même précision dans leur délimitation avec les faunes plus septentrionales.

Aussi la faune du département de l'Ain fait-elle nécessairement par cette région de nombreuses incursions dans les faunes du Jura et de Saône-et-Loire. Cependant dans nos études nous avons cherché autant que possible à nous restreindre dans les strictes limites assignées par les géographes à ce département.

Peu de contrées présentent en France autant de variétés dans leur allure orographique que celle qui nous occupe : de là, sans doute, la cause première de cette richesse et de cette multiplicité de formes dans la faune malacologique. Il existe en effet, dans ce département, deux régions bien distinctes : l'une basse, formée des grands plateaux de la Bresse et de la Dombes, l'autre essentiellement montagnarde se rattachant par ses nombreux contreforts à la grande chaîne méridionale du Jura.

Au sud-ouest s'étend le pays des Dombes, vaste plateau dont l'altitude moyenne est d'environ 250 mètres, et dont les flancs latéraux sont délimités, sauf au nord, par les vallées du Rhône et de la Saône. Toute cette étendue, constituée géologiquement par de puissants dépôts caillouteux que vient partiellement recouvrir la boue glaciaire, est découpée par d'innombrables étangs, la plupart aujourd'hui cultivés et qui dès lors ne renferment pas une faune malacologique aussi riche et aussi variée qu'on serait tenté de le croire au premier abord.

Au nord, nous trouvons la Bresse, pays un peu plus accidenté, recoupé par des collines plus élevées et arrosé par de nombreux mais petits cours d'eau qui se dirigent de l'est à l'ouest ou du nord au sud. La Bresse n'appartient du reste pas exclusivement au département de l'Ain. Dans le département de Saône-et-Loire nous la retrouvons sous les noms de Bresse chalonnaise et de Bresse louhannaise, noms empruntés aux deux arrondissements qu'elle occupe dans ce département, par opposition au nom de Bresse bressanne ou Bresse du département de l'Ain. La Bresse bressanne commence à l'est aux pieds des escarpements du Revermont et s'achève à l'ouest avec les vallons dominant les vastes prairies qui bordent la rive droite de la Saône. Son altitude varie presque toujours entre 200 et 250 mètres. Son sol pauvre et caillouteux est arrosé par la Veyle, la Reyssouze, la Sane-Vive, la Sane-Morte, le Sevrac et le Solnan; tous ces cours d'eau sont à allure lente et à fonds plus ou moins vaseux.

La région du sud-ouest est connue sous le nom de Haut et Bas-Bugey. Le Bas-Bugey, pays de peu d'étendue, est formé par une bande étroite, de basse altitude, comprise entre la rivière d'Ain et le Rhône, jusqu'au pied des premiers contreforts des montagnes du Haut-Bugey. Le Haut-Bugey est confiné au sud par la vallée du Rhône qui forme dans cette région comme un vaste promontoire. De l'est à l'ouest il s'étend depuis les montagnes de Hauteville jusqu'à la naissance des premiers contreforts d'Ambérieu, c'est-à-dire depuis le massif du Valromey jusqu'à la plaine de la rivière d'Ain. Au nord ses limites sont moins précises; pour nous il ne dépasse pas Pont-d'Ain et Brenod, là où commence la Combe-du-Val (1). Le Bugey est très-accidenté; plusieurs hautes montagnes s'élèvent déjà à travers ses chaînons de calcaires jurassiques; le plus important sommet est celui du Mollard de Don qui a 1219 mètres et domine la vallée de Rossillon. Plusieurs cours d'eau l'arrosent, ce sont : l'Albarine, le Furand, le Séran, qui vont dans des directions différentes se jeter dans l'Ain ou dans le Rhône. Enfin, sur ses bas plateaux et dans ses vallées on trouve, notamment aux environs de Belley, de nombreux lacs ou étangs non cultivés, et formés sur la boue glaciaire. C'est dans le Bugey que la faune malacologique, soit terrestre, soit aquatique, nous a paru à la fois la plus riche et la plus variée.

A l'est s'étend la chaîne de montagnes du Valromey qui a donné son nom à une des parties les plus curieuses et les plus pittoresques du département. Elle baigne d'un côté le pied de ses escarpements dans le Rhône et de l'autre dans le Séran, tandis qu'au nord elle touche au lac de Silan. Toutes ses montagnes sont constituées par des calcaires jurassiques. Ses principaux sommets sont : le Colombier ou Grand-Colombier

<hr>

(1) Les géographes ne paraissent pas d'accord sur la véritable signification des mots *Haut* et *Bas-Bugey* et leurs font jouer des rôles différents en les envisageant tantôt au point de vue de l'altitude, tantôt au point de vue de la latitude. Pour les uns, le Haut-Bugey comprendrait toute la partie montagneuse, tandis que le Bas-Bugey ne serait par opposition que la partie basse de la plaine de Lagnieu. Pour les autres, le Haut-Bugey s'étendrait depuis Ambérieux, Saint-Rambert, Hauteville jusqu'aux confins nord du département, laissant dans le Bas-Bugey la partie sud comprise entre la rivière d'Ain et le Rhône.

(1534 m.), qui s'élève au sud, au-dessus de Culoz; plus au nord, le crêt du Nu (1555 m.) et le crêt de Chalame (1548 m.), entre la Valserine et la Semine, son tributaire.

Au nord-est du Valromey commence la partie la plus accidentée du département, connue sous le nom de pays de Gex. Ses hautes montagnes se rattachent directement à l'ensemble des monts du Jura. Là se dresse le crêt de la Neige, le plus haut sommet des monts jurassiens qui mesure 1723 m. d'altitude ; puis au nord, le Montoissey (1676 m.), le Colomby ou Colombier de Gex (1691 m.), le Montrond (1600 m.) qui commande le col de la Faucille (1323 m.) ; au sud, le Reculet (1720 m.), puis le Credo (1608 m.) qui domine les admirables gorges de la vallée du Rhône.

A l'ouest du mont Jura et au nord du Valromey et de la Combe de Val, nous trouvons encore toute une région très-accidentée, comprise du nord au sud, entre Oyonnax et Nantua et confinée à l'ouest par le Revermont. C'est dans cette région que sont creusés les beaux lacs de Nantua et de Silan.

Enfin, entre le cours de l'Ain et la Bresse, il existe un pays connu sous le nom de Revermont et qui s'étend au sud, jusqu'au chef-lieu du département. Ce pays est recoupé par le Surand, tributaire de la rivière d'Ain. La région comprise entre l'Ain et le Surand est plus basse que l'autre et n'est recoupée que par des collines peu élevées. C'est dans les gorges calcaires de l'autre région plus accidentée que prennent naissance les petits cours d'eau qui doivent arroser la Bresse. Le sommet le plus élevé est le mont de Nivigne, au nord-est de Treffort, qui n'a que 771 mètres d'altitude.

Tel est dans son ensemble l'aspect général du département de l'Ain, aspect qui nécessairement devra se refléter dans l'allure normale de la faune malacologique. En effet, dans les parties basses de la région, c'est-à-dire dans la Dombes et dans la Bresse nous observerons toute une faune participant à la fois des faunes centrales et subméridionales de la France, soit par ses espèces autoctones, soit par des formes acclimatées déjà dans un milieu du reste peu différent, ou tout au moins encore en voie d'acclimatation. Par les vallées du Rhône et de la Saône, notre faune locale établira de continuels échanges avec les faunes des régions similaires des départements de Saône-et-Loire, du Rhône et de l'Isère.

Dans la partie montagneuse ou jurassienne, nous constaterons au contraire l'existence de toute une série d'espèces particulières dont nous ne retrouvons les éléments que dans les montagnes de la chaîne des Alpes et du Jura, et qui parfois s'étendent par les vallées jusqu'en Suisse. Enfin, nous reconnaîtrons également qu'il existe en dehors de ces deux grands centres généraux d'habitat des espèces plus cosmopolites qui vivent indifféremment dans l'un ou l'autre de ces milieux pourtant si différents à tous égards.

Comme dans tous les pays où le calcaire est l'élément pétrographique dominant, les mollusques abondent dans tout le département de l'Ain. Plus rares dans la Dombes et dans la Bresse, à cause sans doute de la présence d'une plus grande quantité de silice dans le sol, ils deviennent bientôt extrêmement nombreux dès que l'on approche des premières montagnes. Alors la faune paraît s'étager suivant ses différentes altitudes. Mais il n'est aucun site d'où le malacologiste le plus inexpérimenté ne puisse en peu de temps rapporter une collection à la fois riche et variée.

Dans les nombreux cours d'eau qui bordent ou sillonnent le département, comme dans ses innombrables lacs ou étangs, il existe toute une faune aquatique des plus importantes, et, disons-le, encore bien peu connue. Le temps et l'éloignement ne nous ont pas permis d'étudier avec tout le soin que nous aurions voulu pouvoir y apporter ces faunes dont les éléments sont souvent difficiles à recueillir. Là, incontestablement, il

existe une lacune dans notre travail, lacune qui ne sera réellement comblée que lorsque des recherches spéciales auront mis
à jour les faunes profondes des grands lacs de Nantua, de Silan,
des Hôpitaux et de tant d'autres, ou que des dragages auront
permis de sonder le lit de toutes les rivières.

Enfin, l'étude des alluvions des cours d'eau nous a permis de
constater dans ce département l'existence de bien des espèces
de petite taille qui avaient échappé aux recherches les plus mi-
nutieuses. Mais en étudiant la faune si riche des alluvions du
Rhône, nous avons dû nous tenir en garde contre un envahis-
sement d'espèces dont l'habitat normal et réel pouvait être liti-
gieux. En effet, les alluvions que l'on récolte au nord de Lyon,
sur les rives du Rhône, peuvent provenir aussi bien du département de l'Isère et peut-être même de la Savoie que de celui de
l'Ain. Nous n'avons donc inscrit dans ce catalogue que les espèces de provenance certaine, recueillies toujours dans les alluvions de la rive droite du fleuve, estimant que dans ces conditions il y avait une plus grande certitude relative à l'origine première de leur habitat dans le département de l'Ain. De cette
façon, nous avons nécessairement éliminé un grand nombre
d'espèces de la faune alluviale, aimant mieux avoir la satisfac-
tion d'ajouter plus tard à notre catalogue de nouvelles espèces,
que d'avoir le regret d'être condamné à en retrancher.

Nous nous sommes donc attaché dans ce travail à donner toutes les indications précises que nous avons pu recueillir
d'abord sur la détermination des différentes formes dont la présence a été constatée dans le département, puis ensuite sur leurs
habitats respectifs.

Les déterminations ont été faites avec les données les plus
récentes des auteurs les plus compétents. Pour chaque espèce,
sans entrer dans les détails d'une synonymie souvent fort com-
plexe, nous nous sommes borné à renvoyer le lecteur, d'abord
à l'auteur qui, le premier, a décrit le type de l'espèce, puis en-

suite aux deux ouvrages généraux sur les mollusques de France de M. l'abbé Dupuy et de Moquin-Tandon, ouvrages que tout malacologiste a nécessairement sous la main. Quant aux études de détails relatifs à la plupart de ces espèces, telles que celles de la synonymie, des variations générales ou individuelles, des rapports et différences, etc., nous croyons les avoir suffisamment traitées dans un autre travail plus complet et plus général sur la partie centrale du bassin du Rhône (1).

Pour bien des espèces dont l'extension géographique est considérable, nous nous sommes borné à indiquer les principales régions où nous en avions constaté la présence. Dans l'énumération des habitats, nous avons suivi une même marche, allant de l'ouest à l'est et du sud au nord, de façon à faire en quelque sorte le tour du département en partant de sa pointe sud-ouest, c'est-à-dire des environs immédiats de Lyon. Pour les espèces plus rares, nous avons indiqué avec soin la localité précise où elles avaient été récoltées.

Enfin, à propos de chaque espèce, nous nous sommes efforcé de signaler les variétés les plus importantes qu'il nous a été donné de rencontrer. Pour quelques-unes, en outre, nous avons consigné les observations que leur étude locale avait pu nous suggérer.

Pour mener à bonne fin une tâche aussi longue et parfois bien ingrate, nous nous sommes adressé à des amis bienveillants qui nous ont généreusement offert leur précieux concours. Qu'il nous soit donc permis de témoigner ici tous nos remercîments à ces dévoués collaborateurs, et plus particulièrement encore à MM. Charpy, Derias, Falsan, de Fréminville, Père Foucheyrand, Gabillot, Lacroix, de Mortillet, Prenat et l'abbé Philippe.

(1) A. Locard, 1880. *Études sur les variations malacologiques d'après la faune vivante et fossile de la partie centrale du bassin du Rhône.* 2 vol. gr. in-8°, avec planches.

CATALOGUE

DES

MOLLUSQUES VIVANTS

TERRESTRES ET AQUATIQUES

DU DÉPARTEMENT DE L'AIN

GASTEROPODA INOPERCULATA

PULMONACEA

LIMACIDÆ

Genre **ARION**, Ferussac

ARION EMPIRICORUM, Ferussac

Arion empiricorum, Ferussac, 1819. *Hist. moll.,* p. 60, pl. I, fig. 1-3 (pars).
— *rufus,* Moquin-Tandon, 1856. *Histoire moll.,* II, p. 10, pl. I, fig. 1-27.

Habitat. — Très-commun ; vit en colonies populeuses et
très-dispersées, dans la région des plaines basses et des vallées,
jusqu'à 1,000 et 1,200 mètres d'altitude ; recherchant les endroits frais et humides, dans les bois, les prairies et les jardins
potagers : dans tout le département.

Variétés. — *Ruber,* Moquin-Tandon ; très-commun : presque partout, mais rarement au-delà de 1,000 mètres d'altitude.
— *Vulgaris,* Moq.-Tand. ; assez commun : presque partout.

— *Draparnaldi,* Moq.-Tand. ; assez commun, jusqu'à 1,000 mètres d'altitude ; plus rare au-delà.

ARION ATER, Linné

Limax ater, Linné, 1758. *Systema naturæ,* édit. X, p. 652.
Arion rufus, Moquin-Tandon. *Loc. cit.,* p. 10, pl. 1, f. 20 (v. ater).

HABITAT. — Rare ; vit sous les feuilles mortes, au pied des vieux troncs d'arbres, dans les parties élevées et boisées de la région montagneuse : le Bugey, les bois de Hauteville ; le Valromey.

OBSERVATIONS. — Cette forme, toujours rare, paraît plus abondante dans les régions alpestres du Jura et de la Savoie.

ARION CAMPESTRIS, J. Mabille

Arion campestris, J. Mabille, 1868. *Archives malacologiques,* fasc. 1, p. 39.

HABITAT. — Assez rare : dans les endroits frais et humides des régions boisées de la partie submontagneuse du Bugey.

OBSERVATIONS. — Cet Arion paraît avoir été souvent confondu avec de jeunes individus de l'*Arion empiricorum* ; sa couleur est d'un jaune orangé, avec le bord du pied d'un jaune plus clair, sans linéoles transverses, mais souvent moucheté de nombreux points orangés.

ARION HORTENSIS, Ferussac

Arion hortensis. Ferussac, 1819. *Hist. moll.,* p. 65, pl. II, f. 4, 6.
 — *fuscus,* Moquin-Tandon. *Loc. cit.,* p. 14, pl. 1, f. 28-30 (n. Müller).

HABITAT. — Très commun ; dans toute la région des plaines

basses et des vallées ; il vit de préférence dans les jardins, les prés, les champs, sortant surtout après la pluie, se tenant caché sous les feuilles à peu de hauteur au-dessus du sol : dans tout le département.

VARIÉTÉS.—*Fasciatus*, Moquin-Tandon; assez commun : presque partout, dans les endroits frais et humides. — *Dorsalis*, Moq.-Tand. ; plus rare ; de préférence entre 300 et 600 mètres d'altitude : dans toute la partie sud et sud-ouest du département. — *Griseus*, Moq.-Tand. ; assez commun ; dans les prés et les champs, surtout aux altitudes un peu basses : mêmes stations.

Genre **GEOMALACUS**, Allmann

GEOMALACUS BOURGUIGNATI, J. MABILLE

Geomalacus Bourguignati, J. MABILLE, 1865. *In Arch. malac.*, fasc. 1, p. 9.

HABITAT. — Rare ; vivant de préférence sous les feuilles mortes et dans la mousse au pied des vieux troncs d'arbres, dans les parties fraîches et humides des régions boisées du Haut-Bugey.

Genre **LIMAX**, Linné

LIMAX AGRESTIS, LINNÉ

Limax agrestis, LINNÉ, 1758. *Systema naturæ*, édit. X, 1, p. 652.
 — — MOQUIN-TANDON. *Loc. cit.*, p. 22, pl. II, fig. 18-22 ; pl. III, f. 1-2.

HABITAT. — Très-commun ; depuis la région basse des plaines et des vallées, jusque vers la partie supérieure de la région des forêts ; dans les jardins, les prés, les champs, où il cause parfois de grands ravages ; sortant de préférence pendant la fraîcheur de la nuit, ou après les pluies : partout.

VARIÉTÉS. — *Albitentaculatus*, Dumont et Mortillet (1); assez commun : presque partout, mais plus volontiers dans les régions boisées au-dessus de 300 mètres d'altitude.— *Cineraceus*, Moquin-Tandon ; assez commun : presque partout, mais de préférence dans les endroits couverts et un peu élevés. — *Filans*, Moq.-Tand. ; peu commun : dans les régions boisées et sub-montagneuses. — *Punctatus*, Moq.-Tand. ; peu commun : dans les régions plus élevées que les variétés précédentes.—*Rufescens*, Dumont et Mortillet ; assez rare ; dans les bois de la région montagneuse du Haut-Bugey, du Valromey et du Jura.—*Obs-curus*, Moq.-Tand. ; assez rare : même station.

LIMAX SYLVATICUS , Draparnaud

Limax sylvaticus, DRAPARNAUD, 1805. *Hist. moll.*, p. 126, pl. IX, f. 2.
— *agrestis*, MOQUIN-TANDON. *Loc. cit.*, p. 22, pl. II, f. 12-21.

HABITAT.—Assez rare ; dans les régions alpestres et subalpestres, vivant jusqu'à 1,200 et 1,500 m. d'altitude ; dans les bois et les forêts, sur les vieux troncs d'arbres, se tenant caché sous les écorces ou dans les bois pourris, au pied des grands arbres : le Bugey, le Valromey, le pays de Gex, le Revermont.

VARIÉTÉS. — *Clypeofasciatus*, Dumont et Mortillet (2) ; rare : dans les mêmes stations, mais ordinairement dans les parties moins couvertes.

(1) Dumont et Mortillet, 1857. *Moll. Savoie et Léman*, p. 187.
(2) Loc. cit., p. 190.

LIMAX CINEREO-NIGER, Wolf

Limax cinereo-niger, Wolf, 1803. *In Sturm, Deutsch. fauna*, VI, 1.
— *maximus*, Moquin-Tandon. *Loc. cit.*, p. 28 (var. *cinereo-niger*).

Habitat. — Rare. Nous n'indiquerons cette Limace qu'avec un point de doute ; on l'a signalée dans l'Isère, la Savoie et la Haute-Savoie ; elle doit très-probablement aussi se retrouver dans les stations élevées du département de l'Ain. Elle vit ordinairement entre 800 et 2,000 m. d'altitude, sous les bois pourris, entre les écorces des vieux arbres, dans les parties fraîches et humides des régions boisées.

LIMAX CINEREUS, Lister

Limax cinereus, Lister, 1678. *Hist. anim. Angl.*, II, f. 15.
— *maximus*, Moquin-Tandon. *Loc. cit.*, p. 28, pl. IV, f. 1-8 (pars).

Habitat. — Commun ; depuis la région des plaines basses et des vallées, jusqu'à 900 m. d'altitude ; se tient caché sous les pierres, dans les fentes de rochers, dans les jardins, les prés, les bois et jusque dans les habitations sombres et humides : presque partout.

Variétés. — *Vulgaris*, Moquin-Tandon ; commun : presque partout. — *Cellarius*, d'Argenville (1) ; plus rare : presque partout.

Observations. — Le *Limax cinereus* paraît plus abondant aux altitudes basses que dans les stations élevées ; il perd toujours un peu de sa taille à mesure que l'altitude de son habitat s'élève.

(1) D'Argenville, 1767. *Conch.*, pl. XXVIII, fig. 31.

LIMAX VARIEGATUS, Draparnaud

Limax variegatus, Draparnaud, 1801. *Tabl. moll.*, p. 103 (n. Lowe).
— — Moquin-Tandon. *Loc. cit.*; p. 35, pl. III, fig. 3-9.

Habitat. — Assez commun ; dans les régions basses, ne dépassant pas de 5 à 600 m. d'altitude ; vit caché sous les pierres, dans les caves, les celliers, les puits, et en général dans les endroits pierreux, moussus et humides : presque partout.

Variétés. — *Flavus*, Linné (1) : peu commun, presque partout. — *Flavescens*, Moquin-Tandon, assez commun : dans les caves et les celliers.

Genre **MILAX**, Gray

MILAX MARGINATUS, Müller

Limax marginatus, Müller, 1774. *Verm. terr. et fluv. hist.*, II, p. 10.
— — Moquin-Tandon. *Loc. cit.*, p. 21, pl. II, fig. 1-17.

Habitat. — Rare ; dans les parties boisées des régions submontagneuses, sous les pierres, dans les vieux murs, sous les écorces des vieux arbres : le Haut-Bugey, le Valromey, etc.

(1) Linné, 1758, *Systema naturæ*, édit. X, I, p. 652 ; *Limax flavus* (n. Müller).

Genre TESTACELLA, Cuvier

TESTACELLA HALIOTIDEA, Draparnaud

Testacella haliotidea, Draparnaud, 1801. *Tabl. moll.*, p. 99 ; *Hist.*, p. 121, pl. IX, f. 12-14.
— — Dupuy, 1847. *Hist. nat. moll.*, p. 41, tab. I, f. 1.
— — Moquin-Tandon, 1856. *Loc. cit.*, p. 23, pl. V.

Habitat. — Rare ; nous ne le connaissons que dans la partie sud et sud-est du département, sans l'avoir encore rencontré vivant : l'extrémité du plateau bressan, Sathonay, Rillieux, Miribel.

Observations. — Les habitudes nocturnes de ce mollusque rendent sa chasse difficile. Mais il est à remarquer que la présence de sa coquille est toujours chose rare dans les alluvions des cours d'eau, ce qui tend bien à faire supposer qu'il n'est pas très-répandu au moins dans la région qui avoisine ces cours d'eau. Comme on le trouve dans les départements du Rhône et de Saône-et-Loire, sur les bords de la Saône, il est probable qu'il doit exister également sur l'autre rive, dans le département de l'Ain.

COLIMACIDÆ

Genre VITRINA, Draparnaud

VITRINA PELLUCIDA, Müller

Helix pellucida. Müller, 1774. *Verm. terr. et fluv. hist.*, II, p. 15 (n. Pennant).
Vitrina beryllina, Dupuy. *Loc. cit.*, p. 60, tab. I, fig. 6.
— *pellucida.* Moquin-Tandon. *Loc. cit.*, p. 52, pl. VI, f. 33-36.

Habitat. — Assez rare ; dans les endroits frais et humides un peu couverts; dans les bois, sous la mousse, au pied des arbres ; c'est la forme dont la distribution géographique est la plus étendue; on la trouve à toutes les altitudes, jusqu'à 2,500 mètres : la Pape, la Chartreuse-de-Portes, le Haut et le Bas-Bugey, les bords du Rhône, etc.

VITRINA MAJOR, Ferussac père

Helicolimax major, Ferussac père, 1807. *Essai méth. conch.*, p. 43.
Vitrina pellucida, Dupuy. *Loc. cit.*, p. 57, tab. I, f. 6.
 — *major*, Moquin-Tandon. *Loc. cit.*, p. 49, pl. IV, fig. 16-32.

Habitat. — Assez commun ; dans les endroits frais et humides, un peu couverts; plus abondant entre 500 et 800 mètres d'altitude, mais s'élevant moins haut que la forme précédente : la Chartreuse-de-Portes, le Haut et Bas-Bugey, Thoiry, Fernex, etc.

VITRINA ANNULARIS, Venetz

Hyalina annularis, Venetz, 1820. *In Studer, Kurz. Verzeichn.*, p. 86.
Vitrina subglobosa, Dupuy. *Loc. cit.*, p. 92, tab. I, f. 8.
 — *annularis*, Moquin-Tandon. *Loc. cit.*, p. 53, pl. VI, f. 37-40.

Habitat. — Rare ; dans les bois, sur la mousse et au pied des arbres, dans les parties fraîches et humides : au-dessus de Bellegarde.

Observations. — Terver a récolté cette même coquille à St-Martin-de-Fontaines, dans le département du Rhône, mais aux confins du département de l'Ain. M. H. Drouët a confirmé cette détermination.

Genre **SUCCINEA**, Draparnaud

SUCCINEA PUTRIS, Linné

Helix putris, Linné, 1758. *Systema naturæ*, édit. X, p. 774 (n. Penn., n. Fer.).
Succinea putris, Dupuy. *Loc. cit.*, p. 77, tab. I, f. 13.
— — Moquin-Tandon. *Loc. cit.*, p. 55, pl. VII, f. 1-5.

Habitat. — Très-commun ; vivant en colonies populeuses, dans tous les endroits humides, au bord des grands cours d'eaux, des lacs et des marais, dans les régions basses des plaines et des vallées : toute la vallée de la Saône ; plus rare dans la vallée du Rhône ; les bords de l'Ain, la Dombes, la Bresse, le Bas-Bugey, etc.

Variétés. — *Drouetia*, Moquin-Tandon ; assez rare : les environs de Lyon, Volognat. — *Ventricosa*, Baudon (1) ; rare : les environs de Lyon, sur les bords du Rhône. — *Gigantea*, Baudon ; assez rare : les environs de Lyon et de Màcon, dans la vallée de la Saône.

SUCCINEA CHARPENTIERI, Dumont et Mortillet

Succinea Charpentieri, Dumont et Mortillet, 1857. *Catal. crit. et malacost.*, p. 23.
— *putris*, Baudon, 1877. *Monogr. des Succinées franç.*, p. 19, pl. VI, f. 4 (v. *Charpentieri*).

Habitat. — Assez commun ; vit en colonies nombreuses, mais peu dispersées, dans les parties humides des bords du Rhône, dans toute la vallée, depuis Lyon jusqu'à Genève ; on

(1) Baudon, 1877. *Monographie des Succinées françaises*, p. 12-23.

le retrouve également en dehors de cet habitat dans quelques stations de l'intérieur du département, vivant toujours au bord de l'eau : fossés de Pirajoux près de Marboz, Domsure, marais de Chazey près de Belley, Volognat, etc.

OBSERVATIONS. — Souvent, dans la même colonie, on trouve le *Succinea Charpentieri* et le *S. putris ;* mais il est à remarquer que la première de ces formes semble faire totalement défaut dans la vallée de la Saône, tandis qu'au contraire c'est dans la vallée du Rhône que nous en retrouvons les coquilles les plus typiques et les mieux caractérisées.

SUCCINEA PFEIFFERI, ROSSMÄSSLER

Succinea Pfeifferi, ROSSMÄSSLER, 1835. *Iconographie*, p. 92, f. 46.
  —   —   DUPUY. *Loc. cit.*, p. 73, tab. I, f. 12.
  —   —   MOQUIN-TANDON. *Loc. cit.*, p. 59, pl. VII, f. 8-31.

HABITAT. — Moins abondant que le *Succinea putris ;* on le trouve cependant assez souvent et en colonies nombreuses dans presque tout le département ; il vit toujours au bord de l'eau, sur les joncs, les herbes, même dans les prairies qui bordent les cours d'eau, les lacs ou les étangs ; il dépasse difficilement 500 mètres d'altitude, quoiqu'en Savoie on l'ait récolté jusqu'à 1,000 mètres : les environs de Lyon, dans la vallée du Rhône et de la Saône ; le Bugey, les environs de Belley, Arbigneux, Thoys, Cornatte, Chazay ; Marboz ; Coligny ; les environs de Mâcon, Pont-de-Veyle, etc.

VARIÉTÉS. — Les variétés que nous avons pu observer portent plutôt sur la taille et sur la coloration des individus que sur leur galbe général ; ordinairement, à mesure que l'altitude augmente, la taille semble diminuer.

SUCCINEA ACRAMBLEIA, J. Mabille

Succinea acrambleia, J. Mabille, 1870. *Hist. malac. du bass. parisien*, p. 91-92.
— *Pfeifferi*, Baudon, 1877. *Monogr. Succin. franç.*, p. 46, pl. VII, f. 5 (v. *ochracea*).

Habitat. — Rare ; cette Succinée vit en colonies assez nombreuses et peu dispersées sur les bords des ruisseaux ou des lacs, dans les joncs et les plantes aquatiques : Oyonnax; marais de Chazay, près Belley.

Anomalies. — Nous avons reçu d'Oyonnax un individu subscalaire : les tours sont soudés, mais étagés et séparés par une ligne suturale profonde ; la spire présente ainsi une grande analogie avec celle d'un *Succinea Fagotiana*.

Observations. — Cette forme assez voisine du *Succinea Pfeifferi* a cependant été admise comme espèce par plusieurs auteurs. Nous devons la détermination de nos échantillons d'Oyonnax à M. le docteur Baudon.

SUCCINEA PARVULA, Pascal

Succinea putris, L. Pascal, 1873. *Cat. moll. Haute-Loire et env. Paris*, p. 24-25 (v. *parvula*).
— *parvula*, Baudon, 1877. *Monogr. des Succinées franç.*, p. 29, pl. VII, f. 1.

Habitat. — Rare : dans les hautes herbes des prairies humides, à Billieu près Belley.

Observations. — Les individus récoltés à Billieu sont de petite taille; ceux qui nous ont été communiqués, quoique n'étant pas tout à fait adultes, ont la plus grande analogie dans leur galbe avec les échantillons de la Haute-Loire.

SUCCINEA FAGOTIANA, Bourguignat

Succinea Fagotiana Bourguignat, 1877. *Aperçu sur les espèces françaises du genre Succinea.* p. 25.

Habitat. — M. Bourguignat a reconnu cette coquille au-dessous de Bellegarde, près de la perte du Rhône.

Observations. — Cette forme nouvelle n'a point encore été figurée ; elle appartient au groupe du *Succinea oblonga*, et s'en distingue surtout par sa taille plus forte, sa spire tordue, très-élancée, sa suture régulièrement descendante, ses tours à croissance rapide et régulière, son test strié, comme folliacé.

SUCCINEA OBLONGA, Draparnaud

Succinea oblonga, Draparnaud, 1801. *Tab. moll.*, p. 56; *Hist.*, p. 59, pl. III, f. 24-25 (n. Turt).
—   —   Dupuy. *Loc. cit.*, p. 71, tab. I, f. 9.
—   —   Moquin-Tandon. *Loc. cit.*, p. 61, pl. VII, f. 32-33.

Habitat. — Assez rare ; vit en petites colonies, souvent dispersées, le long des cours d'eau, dans les hautes herbes ou mieux sur l'écorce des arbres ou arbrisseaux : sur les bords du Rhône et dans ses alluvions ; les environs de Lyon, Miribel ; Landaise près Culoz ; le Bas-Bugey, Blanaz, les environs de Belley, au bord des lacs et des marais ; le pays de Gex, Chevry, Fernex ; Oyonnax ; les environs de Mâcon ; Trévoux, etc.

SUCCINEA ARENARIA, Bouchard-Chantereaux

Succinea arenaria, Bouchard-Chantereaux, 1838. *Cat. moll. Pas-de-Calais.* p. 54.
—   —   Dupuy, *Loc. cit.*, p. 69, tab. I, fig. 10.
—   —   Moquin-Tandon. *Loc. cit.*, p. 62, pl. VII, fig. 34-36.

Habitat. — Rare : récolté par MM. Dumont et de Mortillet
à Thoiry et à Fernex.

Observations. — Cette forme souvent confondue avec les
Succinea Pfeifferi et *S. oblonga* possède cependant des caractères assez tranchés. Les échantillons qu'a bien voulu nous
communiquer M. de Mortillet sont parfaitement caractérisés.

SUCCINEA HUMILIS, H. Drouët

Succinea humilis, H. Drouët, 1855. *Moll. France continentale*, p. 13 et 41.
— *oblonga*, Moquin-Tandon, 1855. *Loc. cit.*, p. 61 (v. *humilis*).
— *humilis*, Baudon, 1877. *Monogr. Succinées franç.*, p. 72, pl. X, f. 1.

Habitat. — Rare; vit ordinairement dans les herbes des
prairies humides : le pays de Gex, Fernex, Chevry.

Observations. — Cette forme, longtemps confondue avec
d'autres, est aujourd'hui admise comme espèce par MM. Baudon et Bourguignat ; elle habite avec le *Succinea arenaria*, et
nous ne les connaissons dans aucune autre région du département.

Genre HYALINIA, Agassis

HYALINIA LUCIDA, Draparnaud

Helix lucida, Draparnaud, 1801. *Tabl. moll.*, p. 96 (non pars auct.).
— — Dupuy. *Loc. cit.*, p. 232, tab. X, f. 8; tab. XI, f. 1.
Zonites lucidus, Moquin-Tandon. *Loc. cit.*, p. 75, pl. VIII, f. 29-35.

Habitat. — Commun ; dans les endroits frais et humides
des régions basses des plaines et des vallées, recherchant la

mousse, se cachant sous les pierres et dans les fentes des vieux murs ; ne paraît pas dépasser une altitude de 5 à 600 mètres : les environs de Lyon et toute la vallée du Rhône, Miribel, Breynier, Collonges; le Bas-Bugey, Belley et ses environs; Brenod, Nantua; moins abondant dans la vallée de la Saône, les environs de Mâcon, Trévoux, etc.

OBSERVATIONS. — Les colonies formées par les individus du *Hyalinia lucida* sont toujours nombreuses et peu dispersées; sa taille est ordinairement assez grande ; les plus beaux échantillons que nous ayons vus provenaient de Belley et de ses environs.

HYALINIA SEPTENTRIONALIS, BOURGUIGNAT

Zonites septentrionalis, BOURGUIGNAT, 1870. *Moll. nouv. lit. ou peu connus, in Rev. et mag. zool.*, t. XXII, p. 17, tab. XVI, f. 4-6.

HABITAT. — Assez rare ; vit à peu près dans les mêmes conditions que le *Hyalinia lucida* : signalé par M. Bourguignat à Bellegarde ; nous l'avons également reçu des environs de Hauteville et des flancs du Colombier.

OBSERVATIONS. — Cette forme parfaitement caractérisée se distingue du *Hyalinia lucida* par sa forme déprimée, presque planorbique et par son ouverture moins oblique. Dans les stations que nous indiquons, ces échantillons sont bien typiques ; mais on trouve dans le Bugey des individus moins nettement caractérisés, qui semblent passer du *Hyalinia lucida* au *Hyalinia septentrionalis*, tout en conservant cependant plus d'affinités pour la première de ces formes. Les colonies du *Hyalinia septentrionalis* sont toujours moins riches en individus que celles du *Hyalinia lucida* ; en outre, ces colonies paraissent se plaire à une altitude un peu plus élevée.

HYALINIA BLAUNERI, Schuttleworth

Helix Blauneri, Schuttleworth, 1843. *In Mitheil. Gesllsch. Bern.*, p. 13.
— *cellaria*, Dupuy. *Loc. cit.*, p. 230 (pars).
Zonites lucidus, Moquin-Tandon. *Loc. cit.*, p. 76 (v. *Blauneri*).

Habitat. — Rare; M. Bourguignat a reconnu cette forme dans deux individus que nous lui avons communiqués et qui avaient été récoltés, l'un à Blanaz, l'autre à Hauteville.

Observations. — Quoique appartenant à la même espèce, nos deux individus sont de taille différente ; il est probable qu'il existe au moins une variété à signaler ; la forme de Hauteville répondrait à la var. *minor*.

HYALINIA CELLARIA, Müller

Helix cellaria, Müller, 1774. *Verm. terr. et fluv. hist.*, II, p. 38.
—   —   Dupuy. *Loc. cit.*, p. 230, tab. X, f. 7.
Zonites cellarius, Moquin-Tandon. *Loc. cit.*. p. 78, pl. IX, f. 1-2.

Habitat. — Peu commun ; dans les régions fraîches et humides des parties boisées, entre 300 et 600 mètres d'altitude, mais pouvant plus rarement, il est vrai, s'élever au-delà : le Bugey, les environs de Belley, Cressieux ; le pays de Gex, les pentes du mont Jura, Fernex, Thoiry.

Variétés.—*Obscura*, Locard (1); assez rare : les régions montagneuses du Bugey. — *Subalbida*, Loc.; assez rare : dans les mêmes stations, mais formant des colonies différentes.

Observations. — Dans nos régions, le *Hyalinia cellaria* est

(1) Locard, 1880. *Études sur les variations malacologiques*, I, p. 45.

toujours plus rare que le *Hyalinia lucida*; en outre, c'est une
forme plus alpestre, vivant toujours dans des stations plus froi-
des ; nous n'avons jamais observé la moindre fusion entre deux
colonies appartenant à ces deux espèces.

HYALINIA GLABRA, Studer

Helix glabra, Studer, 1822. *In Ferussac. Tabl. systém.*, p. 45.
—   —   Dupuy, *Loc. cit.*, p. 228, tab. X, f. 6.
Zonites glaber, Moquin-Tandon. *Loc. cit.*, p. 80, pl. IX, f. 3-8.

Habitat. — Assez rare ; presque toujours localisé, vivant
en colonies peu nombreuses, dans les endroits frais et humides,
sur les bords des bois, des fourrés, à une altitude variant de
400 à 600 mètres : le Bugey, le Colombier, la montagne de
Parves, Blanaz.

Observations. — Le *Hyalinia glabra* est une des formes
les plus typiques du département ; ses échantillons sont de belle
taille ; quelques-uns ont de 14 à 15 millimètres de diamètre.
Comme nous l'avons fait observer (1), les dimensions de l'ombilic semblent varier suivant l'habitat des colonies. On serait
presque en droit de créer deux variétés basées sur le plus ou
moins d'épanouissement de cet ombilic.

HYALINIA NOV. FORM.

Hyalina nov. form., Locard, 1880. *Études sur les var. malac.*, I. p. 48, pl. III. f. 1-3.

Habitat. — Très-rare ; dans les régions boisées au-dessus
de Hauteville.

(1) Locard. 1880. *Études sur les var. malac.*, I, p. 47.

OBSERVATIONS. — Nous n'avons encore trouvé qu'un seul individu répondant à ce type nouveau que nous avons décrit et figuré sans oser cependant lui assigner une dénomination spécifique nouvelle. C'est une forme voisine de celle du *Hyalinia glabra*, mais d'un galbe plus déprimé, avec un ombilic plus étroit.

HYALINIA ALLIARIA, MILLER

Helix alliaria, MILLER, 1833. *Hist. Shell., in Ann. phil.,* VII, p. 370
Zonites alliarius, MOQUIN-TANDON. *Loc. cit.,* p. 83, pl. IX, f. 9-11

HABITAT. — Très-rare ; signalé par Terver dans le Bugey, sans autres indications locales (1). Nous ne l'avons pas retrouvé.

OBSERVATIONS. — Nous ne connaissons que les deux seuls échantillons de la collection Terver, au Muséum de Lyon, qui se rapportent du reste parfaitement au type décrit et figuré par les auteurs.

HYALINIA NITENS, MICHAUD

Helix nitens, MICHAUD, 1831. *Compl. moll. Drap.,* p. 44, pl. XV, f. 1-3.
  —   — DUPUY. *Loc. cit.,* p. 234, tab. XI, f. 2.
Zonites nitens. MOQUIN-TANDON. *Loc. cit.,* p. 84, pl. IX, f. 14-18.

HABITAT. — Assez commun ; on le trouve depuis la région des plaines basses et des vallées jusqu'à 1,200 et 1,500 mètres d'altitude ; son altitude normale paraît être entre 300 et 800 mètres ; il vit en petites colonies, dans les endroits frais et humides, assez souvent au bord de l'eau ; il n'est pas rare dans les

____

(1) Terver, 1850. *Observ. sur quelques moll. du genre Helix*, in Journ. de Conch., vol. I, p. 176.

alluvions, notamment dans ceux du Rhône : le Haut et Bas-Bugey, les environs de Belley, Thoys, Arbigneux, le Colombier, la montagne de Parves ; le pays de Gex, les flancs du mont Jura, Fernex, Chevry ; Nantua ; etc.

VARIÉTÉS. — *Albina*, Nob. ; coquille conforme au type, mais de couleur très-pâle, d'un corné presque blanc, un peu hyalin ; assez rare : le Colombier du côté de Belley, à 400 mètres d'altitude.

OBSERVATIONS. — C'est aux environs de Nantua que Michaud avait pris le type qu'il a décrit et figuré dans le *Complément de l'histoire des Mollusques* de Draparnaud.

HYALINIA SUBNITENS, BOURGUIGNAT

Zonites subnitens, BOURGUIGNAT, 1871. *In Mabille, Hist. malac. Paris.*, p. 116.

HABITAT. — Rare ; dans les lieux frais et boisés du Haut-Bugey : le Colombier, Hauteville.

OBSERVATIONS. — Cette forme est très-voisine du *Hyalinia nitidula* ; plusieurs auteurs ne l'admettent pas ; très-voisine également du *Hyalinia nitens,* on la distinguera cependant à sa forme plus haute, plus bombée dans son ensemble, et surtout à son dernier tour, moins dilaté vers l'ouverture.

HYALINIA NITIDA, MÜLLER

Helix nitida, MÜLLER, 1774. *Verm. terr. et fluv. hist.*, II, p. 32 (n. Gmel., n. Drap.).
  —   —   DUPUY. *Loc. cit.*, p. 222, tab. X, f. 4.
Zonites nitidus, MOQUIN-TANDON. *Loc. cit.*, p. 72, pl. VIII, f. 11-15.

HABITAT. — Commun ; dans tous les endroits frais et

humides, marécageux, souvent au bord de l'eau ; vivant dans les herbes, dans les pierres, dans la mousse ; ne paraît pas s'élever au-delà de 800 mètres d'altitude : les environs de Lyon, la Dombes, toute la vallée du Rhône, Miribel, Breynier, le Bas-Bugey, les environs de Belley ; Oyonnax ; Nantua ; Coligny ; la Bresse, Pont-de-Veyle, les environs de Mâcon, Bourg, Trévoux, etc. ; très-commun dans les alluvions du Rhône, au nord de Lyon.

HYALINIA NITIDOSA, Ferussac

Helix nitidosa, Ferussac, 1822. *Tabl. syst.*, p. 45 (sans caract.).
— — Dupuy. *Loc. cit.*, p. 238, tab. XI, f. 3.
Zonites purus, Moquin-Tandon. *Loc. cit.*, p. 87, pl. X, f. 22-25 (n. Alder).

Habitat. — Très-rare ; nous n'avons encore observé qu'une seule fois cette coquille ; elle avait été récoltée dans les alluvions du Furand, près de Belley.

Observations. — Le *Hyalinia nitidosa* est toujours rare dans la partie centrale du bassin du Rhône ; nous avons cependant, à diverses reprises, constaté sa présence soit aux environs de Lyon, soit en Savoie, soit dans l'Isère ; il paraît constituer de petites colonies peu populeuses, ayant à peu près les mêmes habitudes que le *Hyalinia nitens*.

HYALINIA NITIDULA, Draparnaud

Helix nitidula, Draparnaud, 1805. *Hist. moll.*, p. 117 (exc. var. B.).
— — Dupuy. *Loc. cit.*, p. 226, tab. X, f. 5.
Zonites nitidulus, Moquin-Tandon. *Loc. cit.*, p. 83, pl. X, f. 12-13.

Habitat. — Assez rare ; dans les parties basses de la région ; vivant de préférence dans les endroits frais, humides et peu ombragés ; ne paraît pas s'élever au-delà de 400 mètres d'altitude : les environs de Lyon, la Bresse, le Bas-Bugey, les environs de Belley ; la vallée de la Saône, les environs de Mâcon, Saint-Laurent-d'Ain ; Trévoux, etc. ; assez rare également dans les alluvions du Rhône.

HYALINIA RADIATULA, Alder

Helix radiatula, Alder, 1830. *Cat. test. moll.*, p. 12.
   —   —   Dupuy. *Loc. cit.*, p. 237, tab. XI, f. 4.
Zonites striatulus, Moquin-Tandon. *Loc. cit.*, p. 86, pl. IX, f. 19-21.

Habitat. — Assez rare ; toujours localisé, vivant en petites colonies peu populeuses, recherchant les endroits frais, ombragés, se cachant sous les pierres, dans les fentes des rochers ; son altitude varie de 500 à 1,200 mètres : Chavornay, Fernex, Oyonnax ; alluvions dans la prairie de Villeneuve-Domsure.

Observations. — Cette petite Hyalinie, de même que les autres formes voisines qui en ont été démembrées, telles que *Hyalinia Petronella* Charpentier, *H. Dumontiana* Bourguignat, etc., doivent se retrouver dans d'autres stations ; nul doute pour nous que des recherches plus suivies ne les fassent rencontrer dans le Haut-Bugey, le Jura, le Valromey, etc.

HYALINIA PSEUDOHYDATINA, Bourguignat

Helix hydatina, Dupuy. *Loc. cit.*, p. 240, tab. XI, fig. 5.
Zonites crystallinus, Moquin-Tandon. *Loc. cit.*, p. 89 (var. *hydatinus*).
   — *pseudohydatina*, Bourguignat, 1856. *Aménités malacol.*, 1, p. 189.

Habitat. — Rare ; nous n'avons constaté l'existence de cette forme qu'à Chavornay et dans les alluvions du Rhône, au nord de Lyon (1) ; nous ne connaissons pas encore son réel habitat.

OBSERVATIONS. — Quoiqu'il ne nous ait pas été donné de trouver cette forme vivante, nous avons tout lieu de croire que ses mœurs doivent être celles des autres Hyalinies du groupe des crystallines. On devra donc la chercher dans des conditions locales tout à fait analogues. MM. Dumont et de Mortillet (2), sous le nom de *Helix hydatina* Rossmässler, ont signalé dans les alluvions du Lion, à Fernex, une coquille qui doit être, d'après M. Bourguignat, rapportée au *Hyalinia pseudohydatina*, le véritable *Hyalinia hydatina* n'existant pas en France.

HYALINIA ILLAUTA, Bourguignat

Zonites illautus. BOURGUIGNAT, 1880. *In Servain, Études sur les Mollusques recueillis en Espagne et en Portugal, p. 22.*

HABITAT. — Rare ; signalé par M. Bourguignat dans les alluvions du Rhône près de Lyon ; nous l'avons également observé sur les bords du fleuve à Miribel.

OBSERVATIONS. — Cette forme voisine du *Hyalinia pseudohydatina* en diffère par sa taille un peu plus petite en diamètre ; par son ombilic très-profond et plus étroit ; par son ouverture échancrée, presque arrondie, aussi large que haute, tandis que celle du *Hyalinia pseudohydatina* est plus large que haute ; par ses tours de spire au nombre de cinq seulement au lieu de six, moins convexes en dessus ; enfin par la rotondité de son dernier tour qui paraît dès lors plus bombé et plus globuleux en dessus comme en dessous.

(1) Terver l'avait également récolté à Saint-Clair, aux portes de Lyon. *Vide* Locard, *Malacologie lyonnaise*, p. 99.

(2) Dumont et Mortillet, 1857. *Catal. crit. et malacost.*, p. 28.

HYALINIA CRYSTALLINA, Müller

Helix crystallina, MÜLLER, 1774. *Verm. terr. et fluv. hist.*, II, p. 23.
—   —   DUPUY. *Loc. cit.*, p. 242, tab. XI, f. 6.
Zonites crystallinus, MOQUIN-TANDON. *Loc. cit.*, p. 89, pl. X, f. 26-29.

HABITAT. — Peu commun ; dans les endroits frais et humides, depuis les plaines basses et les vallées jusqu'à plus de 1,000 mètres d'altitude ; vivant de préférence sous les détritus des végétaux, dans la mousse, etc.; commun dans les alluvions des cours d'eau : les environs de Lyon, la Dombes, la vallée du Rhône, Miribel, Saint-Sorlin ; le Haut et le Bas-Bugey, environs de Belley, alluvions des lacs, Chavornay ; le pays de Gex, dans la partie basse, Fernex ; alluvions dans la prairie de Villeneuve-Domsure, etc.

HYALINIA DIAPHANA, Studer

Helix diaphana, STUDER, 1820. *Kurz. Verzeichn.*, p. 86 (n. Poiret).
— *hyalina*, DUPUY. *Loc. cit.*, p. 244, tab. IX, f. 9.
Zonites diaphanus, MOQUIN-TANDON. *Loc. cit.*, p. 90, t. IX, f. 30-32.

HABITAT. — Assez rare ; dans les mêmes conditions que l'espèce précédente, quoi qu'il paraisse cependant un peu plus rare: assez commun dans les alluvions du Rhône ; le Bas-Bugey, Saint-Sorlin, Chavornay, Oyonnax ; alluvions dans la prairie de Villeneuve-Domsure.

VARIÉTÉS. — *Subumbilicata*, Locard (1) ; rare : dans les alluvions du Rhône, au nord de Lyon. — *Major*, Loc.; assez rare : Chavornay ; dans les alluvions du Rhône, au nord de Lyon.

(1) Locard, 1880. *Études sur les var. malac.*, I, p. 69.

HYALINIA FULVA, Müller

Helix fulva, Müller, 1774. *Verm. terr. et fluv. hist.*, II, p. 56.
 —   —   Dupuy. *Loc. cit.*, p. 175, tab. VII. f. 11.
Zonites fulvus, Moquin-Tandon. *Loc. cit.*, p. 67, pl. VIII, f. 1-4.

Habitat. — Assez rare ; difficile à trouver vivant, plus abondant dans les alluvions des cours d'eau ; vit depuis les régions basses des plaines et des vallées jusqu'à 1,200 et 1,500 mètres d'altitude, recherchant les endroits frais, humides, même un peu marécageux, se cachant dans la mousse et sous les pierres : les environs de Lyon, sur les bords du Rhône ; le Bugey, Chavornay, les environs de Belley ; le pays de Gex, Fernex, Chevry ; alluvions du Rhône au nord de Lyon; alluvions du Lion ; alluvions du lac Bertrand, près Belley, etc.

HYALINIA CALLOPISTICA, Bourguignat

Zonites callopisticus. Bourguignat, 1875. *In Servain, 1880, Études sur les Mollusques recueillis en Espagne et en Portugal*, p. 30.

Habitat.— Peu commun; le type vit aux environs de Lyon ; nous ne le connaissons encore que dans les alluvions du Rhône.

Observations. — Cette forme vient d'être démembrée du *Hyalinia fulva ;* on la distinguera facilement à sa forme plus conique, la spire ayant sept tours très-serrés, bien convexes, tandis que celle du *Hyalinia fulva* n'en a que six faiblement convexes; à son ouverture plus étroite ; à son sommet plus gros, plus obtus; enfin à son dernier tour bien arrondi et non sub-caréné.

Genre **HELIX**, Linné

HELIX ROTUNDATA, Müller

Helix rotundata, Müller, 1774. *Verm. terr. et fluv. Hist.*, II, p. 29.
—   —   Dupuy. *Loc. cit.*, p. 250, tab. XII, f. 4.
—   —   Moquin-Tandon. *Loc. cit.*, p. 107, pl. X, f. 9-12.

Habitat. — Commun ; dans les endroits pierreux, frais et moussus, à toutes les altitudes ; se tient caché sous les pierres, dans les fentes des vieux murs, sous les troncs des vieux arbres, etc. : les environs de Lyon, toute la vallée du Rhône, Miribel, Breynier ; la Bresse, les environs de Bourg, Ceyzériat ; le Bugey, la Chartreuse-de-Portes, les environs de Belley, la montagne de Parves, les flancs du Colombier, Hauteville ; Fernex ; Oyonnax ; Nantua ; Coligny ; la vallée de la Saône ; la Bresse ; les environs de Mâcon, de Bourg, de Trévoux, etc.

Variétés. — *Major*, Locard (1) ; coquille de grande taille, de forme un peu déprimée, de coloration un peu pâle : coteaux de Bon, près Belley. — *Albina*, Loc. ; coquille complètement blanche, sans aucune flammes, légèrement transparente ; rare : Chavornay.

HELIX RUDERATA, Studer

Helix ruderata, Studer, 1870. *Kurz. Verzeichn.*, p. 86.
—   —   Dupuy. *Loc. cit.*, p. 249, tab. XI, f. 12.
—   —   Moquin-Tandon. *Loc. cit.*, p. 105, pl. X, f. 7-8.

Habitat. — Rare ; dans les endroits frais, moussus, couverts, un peu pierreux : dans les bois au-dessus d'Oyonnax.

(1) Locard, 1880. *Études sur les var. malac.*, I, p. 73.

OBSERVATIONS. — C'est, jusqu'à présent, la seule station où nous ayons constaté la présence de cette intéressante coquille ; il est probable, cependant, qu'elle doit se trouver également dans d'autres stations similaires de la région boisée et montagneuse du département.

HELIX RUPESTRIS, STUDER

Helix rupestris, STUDER, 1789. *Faunul. Helvet., in Coxe, Trav. Switz.*, III, p. 430.
 —   —   DUPUY. *Loc. cit.*, p. 218, tab. XI, f. 9.
 —   —   MOQUIN-TANDON. *Loc. cit.*, p. 192, pl. XV, f. 10-13.

HABITAT. — Assez commun ; sous les pierres, sur les rochers moussus, dans les fentes des vieux murs, à toutes les altitudes, mais plus particulièrement jusqu'à 800 mètres : les environs de Lyon, dans la vallée du Rhône ; le Bugey, Saint-Sorlin, la Chartreuse-de-Portes, Billieu près Belley; les ruines du château de Sergy, près Fernex, etc. ; assez rare dans les alluvions du Rhône au nord de Lyon.

VARIÉTÉS. — *Saxatilis*, Moquin-Tandon ; assez rare : les alluvions du Rhône au nord de Lyon.

OBSERVATIONS. — Cette petite coquille doit être recherchée dans les mêmes stations que l'*Helis rotundata*; il n'est pas rare de les rencontrer ensemble ; leur manière de vivre nous a toujours paru à peu près la même.

HELIX PYGMÆA, DRAPARNAUD

Helix pygmœa, DRAPARNAUD, 1801. *Tabl. moll.*, p. 93; *Hist. moll.*, p. 114, pl. VIII., f. 8-10.
 —   —   DUPUY. *Loc. cit.*, p. 220, tab. X, f. 3.
 —   —   MOQUIN-TANDON. *Loc. cit.*, p. 103, pl. X, f. 2-6.

HABITAT. — Rare, ou plutôt difficile à récolter à cause de sa

petite taille ; vit dans les endroits pierreux et moussus, un peu
frais, dans la région des plaines basses et des vallées : les
environs de Lyon, dans la vallée du Rhône ; Chavornay ;
Fernex ; plus commun dans les alluvions des cours d'eau : les
alluvions du Rhône au nord de Lyon, et du Lion, à Fernex ;
les alluvions des prairies à Chevry.

HELIX ACULEATA, Müller

Helix aculeata, Müller, 1774. *Verm. terr. et fluv. hist.*, II, p. 81.
 —   —   Dupuy. *Loc. cit.*, p. 217, tab. XI, f. 8.
 —   —   Moquin-Tandon. *Loc. cit.*, p. 189, pl. XV, f. 5-9.

Habitat. — Rare ; vit de préférence dans les endroits frais,
pierreux et moussus, se cachant dans les fentes des rochers,
dans les vieux murs ; ne paraît pas s'élever au-delà de 800 mètres d'altitude : les environs de Lyon, dans la vallée du Rhône ;
Miribel ; Chavornay ; Fernex ; un peu moins rare dans les
alluvions des cours d'eau ; alluvions du Rhône au nord de
Lyon ; alluvions du Lion à Fernex.

Observations. — L'*Helix aculeata*, comme l'espèce précédente, est difficile à récolter à cause de sa petite taille ; on le
trouvera plus volontiers, et même par des temps un peu secs,
sous les grosses pierres et dans la petite mousse adhérente aux
vieux murs. Ses colonies sont, du reste, en général peu
populeuses.

HELIX OBVOLUTA, Müller

Helix obvoluta. Müller, 1774. *Verm. terr. et fluv. hist.*, II, p. 27.
 —   —   Dupuy. *Loc. cit.*, p. 164, tab. VII, f. 5.
 —   —   Moquin-Tandon. *Loc. cit.*, p. 114, pl. X, f. 26-30.

Habitat. — Assez commun ; dans les endroits frais et

ombragés, souvent caché sous les pierres ou dans les fentes
des rochers, vivant en colonies peu nombreuses et souvent
dispersées , à des altitudes très-variables, mais plus volontiers
supérieures à 350 mètres : Miribel, coteaux de Loye, Blanaz ;
tout le Haut et Bas-Bugey, Saint-Sorlin, les environs de Belley,
de Hauteville, le Colombier ; le Valromey ; les flancs du mont
Jura, Fernex, Versonnex, col de la Faucille, etc.

VARIÉTÉS. — *Major*, nob. ; coquille de grande taille , de
coloration un peu pâle ; assez commune : Miribel, les flancs sud
et est du Colombier. — *Minor*, nob. ; coquille de petite taille,
mesurant moins de 10 millimètres de diamètre, d'une coloration foncée, avec des poils serrés et assez longs : montagnes de
Parves, près Belley. — *Pallida*, Moquin-Tandon ; assez rare :
le Haut-Bugey, Hauteville.

HELIX PERSONATA, LAMARCK

Helix personata, LAMARCK, 1792. *Journ. hist. nat.*, II, p. 348, pl. XLII, f. 1, a, b.
— — DUPUY. *Loc. cit.*, p. 168, tab. VII, f. 7.
— — MOQUIN-TANDON. *Loc. cit.*, p. 118, p. X, f. 33-36.

HABITAT. — Assez rare ; paraît généralement localisé entre
500 et 1,000 mètres d'altitude, dans les parties boisées, recherchant les endroits frais et moussus, se cachant volontiers dans
les fentes des rochers : le Haut-Bugey, Hauteville, le Colombier ; le Valromey ; le pays de Gex, les bois au-dessus de
Fernex, les bords du Versoix, la Faucille, Chézery ; les environs de Nantua, etc.

HELIX PULCHELLA, Müller

Helix pulchella, Müller, 1774. *Verm. terr. et fluv. hist.*, II, p. 3o.
—   —   Dupuy. *Loc. cit.*, p. 161, tab. VII, f. 3.
—   —   Moquin-Tandon. *Loc. cit.*, p. 140, pl. XI, f. 34.

Habitat. — Assez commun ; vit de préférence dans la zone des plaines basses et des vallées, mais s'élève aussi parfois jusqu'à 1,200 et 1,5oo mètres d'altitude, recherche les endroits frais, humides et moussus ; se trouve aussi dans les hautes herbes, auprès des lacs ou étangs ; très-commun dans les alluvions des cours d'eau, notamment sur les bords du Rhône : les environs de Lyon, dans toute la vallée du Rhône et sur la Cotière ; la Dombes ; le Bas-Bugey, Belley ; Billieu, près Belley, le Colombier, Chavornay ; le pays de Gex, Fernex, Chevry ; Oyonnax ; Nantua ; prairies de Villeneuve, près Domsure ; la vallée de la Saône, aux environs de Mâcon ; la Bresse, l'Aumusse, près Pont-de-Veyle ; les environs de Trévoux.

HELIX COSTATA, Müller

Helix costata, Müller, 1774. *Verm. terr. et fluv. hist.*, II, p. 31.
—   —   Dupuy. *Loc. cit.*, p. 162, tab. VII, f. 4.
—   *pulchella*, Moquin-Tandon. *Loc. cit.*, p. 140, pl. IX, f. 31-33.

Habitat. — Assez rare ; dans les mêmes stations et dans les mêmes conditions que la forme précédente, mais toujours moins fréquent ; on trouve souvent ces deux espèces réunies dans la même colonie ; elles sont tout aussi communes dans les alluvions des cours d'eau.

HELIX VILLOSA, Studer

Helix villosa, STUDER, 1789. *Faun. Helvet., in Coxe Trav. Switz.*, III, p. 422.
— — DUPUY. *Loc. cit.*, p. 193, tab. VIII, f. 5.
— — MOQUIN-TANDON. *Loc. cit.*, p. 227, pl. XVII, fig. 19 à 23.

HABITAT. — Assez commun ; vit surtout dans les régions montagneuses et submontagneuses, depuis 500 jusqu'à plus de 2,000 mètres d'altitude, sous les feuilles, les écorces des arbres, dans les endroits frais et ombragés : le Haut-Bugey, Hauteville, le Colombier ; la Faucille, le Reculet ; crêt de Chalam ; Nantua.

VARIÉTÉS. — *Conica*, nob. ; coquille de même taille que le type, mais d'un galbe beaucoup moins surbaissé, la spire un peu conique, le dernier tour plus tombant, l'ombilic un peu moins large. Cette variété, dont nous ne connaissons encore que très-peu d'échantillons, pourrait à la rigueur être érigée en espèce ; rare : les bois au-dessus de Hauteville. — *Depilata*, Charpentier (1) ; rare : le Colombier. — *Albinos*, Charpentier ; très-rare : le Haut-Bugey.

HELIX MONTANA, Studer

Helix montana, STUDER, 1870. *Kurzes Verzeichn.*, p. 12.
— *rufescens*, DUPUY. *Loc. cit.*, p. 194 (pars).
— *rufescens*, MOQUIN-TANDON. *Loc. cit.*, p. 205 (var. *montana*).

HABITAT. — Assez commun ; dans la partie montagneuse et submontagneuse ; vit en colonies peu populeuses, de préférence sur les plantes, les arbrisseaux, dans les bois, les forêts, sortant

(1) De Charpentier, 1836. *Moll. Suisse*, p. 10.

volontiers après la pluie : le Haut et le Bas-Bugey, la Chartreuse-de-Portes, Hauteville, le Colombier ; Farges près Collonges ; le Reculet ; Nantua ; le pays de Gex, le mont Jura.

VARIÉTÉS. — *Glabra*, Dumont et Mortillet (1) ; assez rare : le Colombier, Hauteville. — *Hispida*, Dum. et Mort. ; plus rare : les parties hautes du Bugey, Hauteville. — *Depressa*, Locard (2) ; assez commune : les montagnes du Bugey, le Colombier. — *Globulosa*, Loc. ; plus rare : le Haut-Bugey, le Colombier, le Reculet. — *Subtecta*, Loc. ; peu commune : le Haut-Bugey. — *Minor*, Loc. ; assez rare : les montagnes du Haut-Bugey, Hauteville.

HELIX PHOROCHŒTIA, BOURGUIGNAT

Helix phorochœtia, BOURGUIGNAT, 1864. *Malac. Grande-Chartreuse*, p. 52, pl. VI. f. 9-14.

HABITAT. — Très-rare ; nous n'en possédons qu'un seul échantillon, mais parfaitement conforme au type de la Grande-Chartreuse (Isère) : les bois au-dessus d'Hauteville, avec l'*Helix villosa*.

HELIX SUBMONTANA, J. MABILLE

Helix submontana, J. MABILLE, 1868. *In Revue et mag. zool.*, 2e sér.. XX. p. 22.

HABITAT. — Très-rare ; signalé par M. J. Mabille à Belle-garde ; nous n'avons retrouvé nulle part cette forme nouvelle.

OBSERVATIONS. — « Voisine de l'*Helix montana*, Charpentier, dit M. J. Mabille, l'*Helix Pascali (postea sub montana)* s'en

(1) Dumont et Mortillet. 1857. *Catal. crit. et malacost.*. p. 46.
(2) Locard. 1880. *Études sur les var. malac.*. 1, p. 92.

distingue par ses stries, par ses poils, par son ombilic, sa coloration, etc. »

HELIX CIRCINNATA, Studer

Helix circinnata, Studer, 1820. *Kurzes Verzeichn.,* p. 56.
— *rufescens,* Dupuy. *Loc. cit.,* p. 194 (pars).
— *rufescens,* Moquin-Tandon. *Loc. cit.,* p. 206 (var. *circinnata*).

Habitat. — Rare ; nous l'avons toujours rencontré isolément, jamais en colonies ; il vit à des altitudes très-différentes, depuis les plaines basses et les vallées jusqu'à plus de 1,000 mètres : les bords du Rhône aux environs de Lyon ; les environs de Belley ; le Colombier ; le château de l'Aumusse près Pont-de-Veyle.

Variétés. — *Glabra,* Locard (1) ; rare : les montagnes du Bugey. — *Depressa,* Loc. ; rare : les environs de Belley.

HELIX GLYPTA, P. Fagot

Helix cœlata, Studer, 1870. *Kurzes Verzeichn.,* p. 86 (n. Vallot).
— *rufescens,* Dupuy. *Loc. cit.,* p. 194 (pars).
— *rufescens,* Moquin-Tandon. *Loc. cit.,* p. 206 (var. *cœlata*).

Habitat. — Rare ; nous n'en avons vu que quelques échantillons, appartenant à un petit nombre de stations ; il vit en colonies peu populeuses ou tout au moins très-dispersées, de préférence au bord des cours d'eau, se cachant sous les feuilles des arbrisseaux : Bellegarde, à la perte du Rhône ; l'Aumusse, près Pont-de-Veyle.

(1) Locard, 1880. *Études sur les var. malac.,* I, p. 95.

HELIX CLANDESTINA, Born

Helix clandestina, Born, 1780. *Mus. Cœs. Vindobon.* (Teste Hàrtm.).
— *rufescens*, Dupuy. *Loc. cit.*, p. 194 (pars).

HABITAT. — Rare ; nous ne connaissons cette forme que dans un très-petit nombre de stations ; les quelques échantillons que nous avons étudiés avaient été trouvés dans les alluvions : le Bugey, aux environs de Belley ; le parc du château de l'Aumusse près Pont-de-Veyle ; les alluvions du Rhône au nord de Lyon.

OBSERVATIONS. — Cette forme, très-voisine des précédentes, n'a été admise que par quelques auteurs ; elle est plus particulièrement caractérisée par sa petite taille, par le développement de son dernier tour, qui est proportionnellement plus large et plus grand ; son ouverture est plus arrondie que celle de l'*Helix glypta*, et son ombilic un peu moins ouvert. Malgré cela, on peut la considérer comme une variété de cette dernière espèce.

HELIX HISPIDA, Linné

Helix hispida, Linné, 1752. *Systema naturæ*, édit. X, p. 771.
—   —   Dupuy. *Loc. cit.*, p. 187, tab. VIII, f. 10.
—   —   Moquin-Tandon. *Loc. cit.*, p. 224, pl. XVII, f. 14-16.

HABITAT. — Très-commun ; abondamment répandu depuis les plaines basses et les vallées jusqu'à 1,500 et 2,000 mètres d'altitude ; vit dans les endroits un peu frais, de préférence ombragés, sous les haies, sur les arbrisseaux, sur les hautes herbes ; très-commun dans les alluvions des cours d'eaux : partout, mais plus abondant encore dans les plaines que dans la région montagneuse.

VARIÉTÉS. — *Fusca*, Menke (1) ; assez rare : les environs de Lyon, dans les vallées du Rhône et de la Saône. — *Cornea*, Menke ; rare : les montagnes du Bugey, le Colombier. — *Minor*, Locard (2) ; rare : les environs de Belley. — *Depilata*, nob. ; coquille complètement glabre, souvent avec le sommet un peu excorié ; cette variété nouvelle est tout à fait analogue à la var. *depilata* de l'*Helix villosa* ; rare : les environs de Belley, dans la partie montagneuse (3). — *Sinistra* ; très-rare : les alluvions du Rhône au nord de Lyon.

HELIX DEPILATA, DRAPARNAUD

Helix depilata, DRAPARNAUD, 1801. *Tabl. moll.*, p. 72 (n. C. Pfeiffer).
— — DUPUY. *Loc. cit.*, p. 173, tab. VII, f. 10.
— . — MOQUIN-TANDON. *Loc. cit.*, p. 121, pl. X, f. 40-41.

HABITAT. — Assez rare ; toujours localisé dans la partie montagneuse entre 500 et 2,000 mètres d'altitude ; se tient le plus ordinairement sur les rochers frais et moussus, ou même quelquefois sur les vieux troncs d'arbres à plus d'un mètre de hauteur : le Haut et Bas-Bugey, la Chartreuse-de-Portes, le Colombier, les bois de Hauteville ; les environs de Fernex.

VARIÉTÉS. — *Minor*, Locard (4) ; peu commun : les bois de Hauteville ; les flancs du mont Jura.

HELIX COBRESINA, V. ALTEN

Helix cobresina, V. ALTEN, 1812. *Syst. abhandl. Conch.*, p. 79, pl. IX, f. 19.
— — DUPUY. *Loc. cit.*, p. 171, tab. VII, f. 9.
— — MOQUIN-TANDON. *Loc. cit.*, p. 122, pl. X, f. 42-43.

(1) Menke, 1830. *Synop. Moll.*, p. 21.
(2) Locard, 1880, *Études sur les var. malac.*, I, p. 98 (non Moq.-Tand).
(3) Draparnaud, 1804. *Hist. Moll.*, p. 104 (var. β, pars.).
(4) Locard, 1880. *Loc. cit.*, I, p. 102.

HABITAT. — Très-rare : signalé dans la Bresse par Draparnaud (1) ; M. H. Drouët (2) l'indique également dans la Bresse et dans le Bugey ; nous ne l'avons jamais rencontré, du moins jusqu'à présent.

HELIX PLEBEIA, Draparnaud

Helix plebeium, Draparnaud, 1805. *Hist. moll.*, p. 105, pl. VII, f. 5.
— *plebcia*, Dupuy. *Loc. cit.*, p. 184, tab. XVIII, f. 10.
—   — Moquin-Tandon. *Loc. cit.*, p. 225, pl. VII, f. 17-18.

HABITAT. — Assez commun ; vit dans les mêmes conditions que l'*Helix hispida*, mais ne paraît pas dépasser une altitude de 700 mètres ; en outre ses colonies, tout en étant aussi populeuses, sont généralement moins dispersées : les environs de Lyon, dans toute la vallée du Rhône ; la Dombes ; la Bresse, les environs de Bourg, Pont-d'Ain, Ambérieu ; le Bas-Bugey, les environs de Belley ; Fernex ; Oyonnax ; toute la vallée de la Saône.

OBSERVATIONS. — Le peu de dispersion des individus d'une même colonie rend la recherche de cette Hélice plus difficile que celle de l'*Helix hispida*. En outre, après la pluie les jeunes sortent toujours plus volontiers que les individus adultes ; il faut un temps plus particulièrement chargé d'humidité pour décider ceux-ci à sortir de leur retraite.

HELIX SERICEA, Draparnaud

Helix sericea, Draparnaud, 1801. *Tabl.*, p. 85 ; *Hist.*, p. 105, pl. VII. f. 16. 17 (n. Müll).
—   — Dupuy. *Loc. cit.*, p. 182, tab. VIII, f. 8.
—   — Moquin-Tandon. *Loc. cit.*, p. 219, pl. XVII, f. 6-7.

(1) Draparnaud, 1805. *Hist. moll.*, p. 81.
(2) H. Drouët, 1855. *Énumération Moll. France continentale*, p. 16.

HABITAT. — Très-rare ; nous ne connaissons encore qu'une seule station où cette forme ait été trouvée : c'est à Dompierre dans la Bresse. Les échantillons nous en ont été donnés par M. le commandant Morlet.

HELIX CINCTELLA, DRAPARNAUD

Helix cinctella, DRAPARNAUD, 1801. *Tabl.*, p. 87 ; *Hist.*, p. 99, pl. VI, f. 28.
— — DUPUY. *Loc. cit.*, p. 213, tab. IX, f. 10.
— — MOQUIN-TANDON. *Loc. cit.*, p. 215, pl. XVI, f. 38-40.

HABITAT. — Rare ; toujours localisé, constituant de petites colonies assez nombreuses, mais peu dispersées ; vivant sur les arbrisseaux ou même sur les arbustes, dans les endroits humides, au bord de l'eau : Miribel ; le parc du château de l'Aumusse près Pont-de-Veyle.

HELIX INCARNATA, MÜLLER

Helix incarnata, MÜLLER, 1774. *Verm. terr. et fluv. hist.*, II. p. 63.
— — DUPUY. *Loc. cit.*, p. 208, tab. IX, f. 8.
— — MOQUIN-TANDON. *Loc. cit.*, p. 199. pl. XVI, f. 5-8.

HABITAT. — Assez rare ; vivant toujours en colonies peu populeuses et assez dispersées, dans les endroits frais, humides, rocailleux ; cette forme paraît s'élever jusqu'à une altitude de 1,000 mètres, mais elle est plus commune dans les régions basses et moyennes : les environs de Lyon, dans la vallée du Rhône, Miribel ; le Bugey, la Chartreuse-de-Portes, les environs de Belley, le Colombier ; le Valromey ; les flancs du mont Jura, Fernex, Gex, la Faucille ; dans la vallée de la Saône, les environs de Mâcon, le Crottet près Pont-de-Veyle, Trévoux.

HELIX CARTHUSIANA, Müller

Helix carthusiana, MÜLLER, 1774. *Verm. terr. et fluv. hist.*, II, p. 15.
  —   —   DUPUY. *Loc. cit.*, p. 204. tab. IX, f. 6.
  —   —   MOQUIN-TANDON. *Loc. cit.*, p. 207, pl. XVI, f. 20-26.

HABITAT. — Commun ; habite surtout dans la région des plaines basses et des vallées et ne paraît pas s'élever au-delà de 500 mètres d'altitude; les colonies sont nombreuses et recherchent soit les terres fortes, soit les rochers moussus ; vit dans les champs, les prairies, les jardins ; après la pluie ces mollusques grimpent sur les hautes herbes, ou se cachent dans les buissons : partout, dans toute la partie basse du département, les environs de Lyon, toute la Dombes, le Bas-Bugey, la Bresse, les vallées du Rhône, de la Saône, de l'Ain, du Suran, etc.

VARIÉTÉS. — *Lutescens*, Moquin-Tandon ; assez rare : les environs de Lyon, dans la vallée du Rhône. — *Lactescens*, Picard (1); assez commun : les environs de Lyon, Miribel, les environs de Belley. — *Rufilabris*, Jeffreys (2); assez commun : les environs de Lyon, dans les vallées du Rhône et de la Saône; toute la Bresse.

HELIX FRUTICUM, Müller

Helix fruticum, MÜLLER, 1784. *Verm. terr. et fluv. hist.*, II, p. 71.
  —   —   DUPUY. *Loc. cit.*, p. 199. tab. IX, f. 4.
  —   —   MOQUIN-TANDON. *Loc. cit.*, p. 196, pl. XVI, f. 1-4.

HABITAT. — Assez commun; formant des colonies nombreu-

(1) Picard, *Mollusques de la Somme, Helix carthusianella*. var. b, *lactescens*.
(2) Jeffreys, 1830. *In Trans. Linn.*. XVI, p. 509, *Helix rufilabris*.

ses et dispersées ; vit de préférence dans la région des plaines basses, devient beaucoup plus rare au-delà de 700 mètres d'altitude ; habite dans les endroits frais, ombragés, sur les buissons, sur les arbustes, grimpant même sur les branches des arbres à 1 mèt. 50 et 2 mèt. de hauteur : les environs de Lyon et toute la vallée du Rhône, Miribel, Saint-Sorlin, Lagnieu ; la Bresse, les environs de Bourg, Ceyzériat, Mollon, Pont-d'Ain ; le Bugey, les environs de Belley ; Seyssel ; Fernex ; Coligny ; Salavre ; la vallée de la Saône, Pont-de-Vaux, Saint-Laurent-d'Ain, Pont-de-Veyle, Trévoux, etc.

Variétés. — *Cinerea*, Poiret(1) ; peu commun : les environs de Lyon et de Mâcon. — *Rufula*, Moquin-Tandon ; peu commun : Miribel et la vallée du Rhône. — *Rubella*, Moq.-Tand., assez rare : les environs de Lyon, dans la vallée du Rhône. — *Fasciata*, Moq.-Tand., rare : Miribel et les bords du Rhône. — *Fusco-fasciata*, Locard (2); rare : les bords du Rhône au nord de Lyon, la Bresse.

HELIX STRIGELLA, Draparnaud

Helix strigella, Draparnaud, 1801. *Tabl.*, p. 84 ; *Hist. moll.*, p. 84, pl. VII, f. 1-2.
— — Dupuy. *Loc. cit.*, p. 198, tab. IX, f. 3.
— — Moquin-Tandon. *Loc. cit.*, p. 204, pl. XVI, f. 14-17.

Habitat. — Assez commun ; toujours localisé, vivant en colonies assez populeuses, mais souvent un peu dispersées ; ses conditions d'habitat semblent les mêmes que celles de l'*Helix fruticum*, avec cette différence que son altitude normale est plus élevée; on le retrouve jusqu'à 1,200 mètres : la côtière de Miribel, tout le Bugey, les environs de Belley, Colomieu, la

(1) Poiret, 1801. *Coq. fluv. et terr. de l'Aisne.* p. 73, *Helix cinerea.*
(2) Locard, 1880. *Études sur les var. malacologiques*, I, p. 127.

montagne de Parves, Culoz, Seyssel, les environs de Hauteville, Saint-Rambert ; le Valromey ; le pays de Gex, Fernex, la Faucille ; les environs de Nantua, etc.

Variétés. — *Fuscescens*, Moquin-Tandon ; assez commun : dans les parties basses du Bugey, les environs de Belley. — *Pallida*, nob.; coquille de taille moyenne, mais d'une coloration pâle, à peine rosée, plus foncée en dessus qu'en dessous, avec l'intérieur de l'ouverture d'un rosé tendre ; peu commun : montagne de Parves en Bugey, Cressieu près Belley. — *Fasciata*, nob.; coquille de taille moyenne, le plus souvent peu colorée, avec une bande blanche assez apparente sur le milieu du dernier tour ; rare : la montagne de Parves. — *Strigellula*, Hartmann (1) ; assez commun : dans les régions élevées du Haut-Bugey, le Colombier, les environs de Hauteville.

Observations. — L'*Helix strigellula* est une des formes caractéristiques du département de l'Ain ; elle accompagne l'*Helix fruticum*, ou mieux, c'est en quelque sorte la manière d'être montagnarde de cette dernière espèce. Son habitat normal est en effet plus élevé ; si on le trouve parfois dans les régions basses des vallées, c'est qu'il a été entraîné accidentellement ; sa taille alors devient plus forte que le véritable type.

HELIX LAPICIDÁ, Linné

Helix lapicida, Linné, 1758. *Systema naturæ*, édit. X, p. 768.
—   —   Dupuy. *Loc. cit.*, p. 159, tab. V, f. 7.
—   —   Moquin-Tandon. *Loc. cit.*, p. 137, pl. XI, f. 22-27.

Habitat. — Commun ; vit de préférence dans les endroits pierreux, à toutes les altitudes, se cachant sous les blocs, dans

(1) Hartmann, 1821. *Syst. Gosterop.*, p. 52.

les fentes des rochers, recherchant les endroits frais et ombragés : tout le département.

VARIÉTÉS. — *Minor,* Moquin-Tandon ; assez rare : la montagne de Parves en Bugey, les bois au-dessus de Hauteville. — *Fulva,* Moq.-Tand.; commun : partout, dans les régions basses des plaines et des vallées. — *Flavescens,* Moq.-Tand.; assez rare : les environs de Lyon, dans la vallée du Rhône.

OBSERVATIONS. — Dans un autre travail (1), nous avons décrit et figuré plusieurs formes anormales de l'*Helix lapicida* récoltées par Terver aux environs de Lyon ; les différentes stations où ces curieux échantillons ont été récoltés n'étant point indiquées, il est possible que quelques-unes aient été rencontrées, soit en Bresse, soit sur les bords du Rhône, où Terver a beaucoup chassé. Nous nous bornerons donc à donner ces renseignements à titre de simple indication.

HELIX ARBUSTORUM, LINNÉ

Helix arbustorum, LINNÉ, 1758. *Systema naturæ,* édit. X, p. 758.
   —   —   DUPUY. *Loc. cit.,* p. 159, tab. V, f. 7.
   —   —   MOQUIN-TANDON. *Loc. cit.,* p. 137, pl. XI, f. 22-27.

HABITAT. — Commun ; vivant à toutes les altitudes, mais avec des manières d'être différentes ; pendant la chaleur se cachant au pied des arbres ou sous les pierres, sortant après la pluie, pour grimper dans les buissons et les fourrés, sur les arbres et les arbustes : toute la vallée du Rhône ; le Haut et Bas-Bugey ; le Valromey ; le pays de Gex ; Oyonnax ; Nantua ; le Revermont ; Trefford ; Coligny, etc. Beaucoup plus rare dans la vallée de la Saône et dans la Bresse.

(1) Locard, 1880. *Études sur les var. malac.,* I, p. 141, et planches.

VARIÉTÉS. — *Draparnaudia*, Moquin-Tandon, assez commun ; toujours localisée : le Revermont. — *Thomasia*, Moq.-Tand.; assez rare : le Revermont, le Colombier. — *Flavescens*, Moq.-Tand.; plus commun : les environs de Lyon ; le Bugey ; le pays de Gex. — *Alpicola*, Charpentier (1) ; peu commun : les régions élevées ; le Colombier, près du sommet ; le mont Jura ; le col de la Faucille ; les grands bois au-dessus de Hauteville. — *Luteola*, Locard (2) ; assez rare : Volognat, les environs de Nantua, Izernore. — *Depressa*, nob. ; coquille de taille moyenne, mais de forme un peu déprimée, à spire un peu surbaissée ; rare : Volognat.

OBSERVATIONS. — Les coquilles de grande taille se trouvent toujours dans les régions basses des vallées, notamment dans la vallée du Rhône, où elles forment des colonies vivant non loin du bord du fleuve ; les coquilles de petite taille sont, au contraire, localisées sur les hautes montagnes, tandis que les formes intermédiaires se rencontrent à des altitudes moyennes, variant entre 500 et 1,000 mètres.

HELIX ERICETORUM, MÜLLER

Helix ericetorum, MÜLLER, 1774. *Verm. terr. et fluv. hist.*, II, p. 33.
—   —   DUPUY. *Loc. cit.*, p. 288, tab. XIII, f. 7.
—   —   MOQUIN-TANDON. *Loc. cit.*, p. 252, pl. XVIII, f. 30-32 et pl. XIX, f. 1-3.

HABITAT. — Commun ; vivant de préférence dans les endroits secs ou peu chauds, redoutant moins la chaleur que la plupart de ses congénères ; sur les rochers, sur les herbes, dans les champs, au bord des chemins ; s'élevant jusqu'à 1,000 et 1,200 mètres d'altitude, mais plus commun dans la région basse et moyenne : partout.

(1) Charpentier, 1837. *Catal. mollusques de la Suisse*, p. 6.
(2) Locard, 1880. *Études sur les var. malac.*, I, p. 144.

Variétés. — *Trivialis*, Moquin-Tandon; commun : partout.
—*Fasciata*, Moq.-Tand.; un peu moins commun : partout, mais
plus particulièrement aux basses altitudes. — *Elegans*, Moq.-
Tand.; assez commun : dans les mêmes stations.—*Lentiginosa*,
Moq.-Tand; plus rare : les environs de Lyon, dans la vallée du
Rhône; la Chartreuse de Portes, Villebois. — *Deleta*, Moq.-
Tand.; assez rare : les environs de Lyon, dans la vallée du
Rhône, la côtière de Miribel. — *Leucozona*, Moq.-Tand.; com-
mun : presque partout. — *Obscura*, Moq.-Tand.; assez rare :
les environs de Lyon; la Bresse; les environs de Belley. —
Lutescens, Moq.-Tand.; peu commun : le Bugey, Saint-Ram-
bert, Blanaz, les environs de Belley; le Revermont; Volognat.
— *Major*, Locard (1); assez rare : la côtière de Miribel; Volo-
gnat.

HELIX ERICETELLA, Jousseaume

Helix ericetorum, Dupuy. *Loc. cit.*, pl. XIII, f. 7, d.
Theba ericetella, Jousseaume, 1879. *Bull. Soc. zool. France*, p. 229, pl. III, f. 11, 12.

Habitat. — Rare; vit dans les mêmes conditions que
l'*Helix ericetorum*, mais paraît localisé dans les régions basses : les environs de Lyon, dans la vallée du Rhône, la côtière
de Miribel; l'extrémité sud du plateau bressan; Culoz, digue
Landaise; Volognat.

Observations. — Cette forme encore peu connue se distingue de l'*Helix ericetorum* par son son galbe plus déprimé, surtout vers le dernier tour, par son test plus mince; son enroule-
ment plus régulier, son ombilic moins ouvert, son ouverture
plus arrondie, et enfin par les bords de son péristome, plus
déjetés en dehors.

(1) Locard, 1877. *Malacologie lyonnaise*, p. 48.

4

HELIX LINEATA, Olivi

Helix lineata, Olivi, 1799. *Zoologia adriatica*, p. 77 (n. Wood, n. Walk., n. Say).
— *maritima*. Dupuy. *Loc. cit.*, p. 297, tab. XIV, f. 1.
— *lineata*, Moquin-Tandon. *Loc. cit.*, p. 265, pl. XIX, f. 27-29.

Habitat. — M. de Fréminville a récolté, il y a quelques années, dans son parc du château de l'Aumusse trois coquilles adultes de l'*Helix lineata*. Comment cette forme méridionale est-elle venue dans la vallée de la Saône? Nous l'ignorons; mais il est probable qu'il faut l'ajouter à la liste des *Helix variabilis, H. Pisana, H. trochoides* que nous avons déjà signalés dans les environs de Lyon.

HELIX FASCIOLATA, Poiret

Helix fasciolata, Poiret, 1801. *Coq. fluv. et terr. de l'Aisne, Prodr.*, p. 79.
— *striata*, Dupuy. *Loc. cit.*, p. 278 (pars).
— *fasciolata*, Moquin-Tandon. *Loc. cit.*, p. 239, pl. XVIII, f. 7, 10.

Habitat. — Commun ; dans les endroits secs, arides, exposés au vent ou au soleil ; vit sous les pierres, les rochers, grimpant sur les hautes herbes après la pluie ; de préférence dans les régions basses et les plateaux peu élevés : presque partout, surtout dans le sud et l'ouest du département.

Variétés. — *Fournetia*, Locard (1). — *Dumortieria*, Loc. — *Jourdania*, Loc. — *Lortetia*, Loc. — *Falsania*, Loc. — *Chantrea*, Loc. — *Perroudia*, Loc. — *Courtia*, Loc. — *Mulsania*, Loc. — *Unicolor*, Moquin-Tandon. Toutes ces variétés basées sur la disposition des bandes ornementales se retrouvent pres-

(1) Locard, 1877. *Malacologie lyonnaise.* p. 46.

que partout, dans tout le département, et plus particulièrement dans l'ouest et dans le sud.

OBSERVATIONS. — C'est cette même forme que bien des auteurs désignent à tort sous le nom d'*Helix striata*; l'*Helix striata* de Müller n'existe pas en France; quant à l'*Helix striata* de Draparnaud, il doit s'effacer devant le nom plus ancien de *Helix fasciolata* donné par Poiret.

HELIX LIEURANENSIS, BOURGUIGNAT

Helix lieuranensis, BOURGUIGNAT, 1877. *In Servain, 1880. Étude sur les Mollusques recueillis en Espagne et en Portugal.*

HABITAT. — Peu commun; nous n'avons pas encore rencontré cette forme vivante; nous la connaissons cependant dans les alluvions du Rhône au nord de Lyon, et dans les allées du parc du château de l'Aumusse près de Mâcon.

OBSERVATIONS. — Cette forme est voisine de l'*Helix fasciolata*; on la distinguera facilement à sa taille qui paraît être toujours plus petite que celle des *Helix fasciolata* de taille moyenne de nos régions; à ses tours moins nettement détachés en dessus; à sa forme plus globuleuse en dessous; à son dernier tour plus arrondi et plus renflé; enfin et surtout à l'extrème étroitesse de son ombilic.

HELIX IDANICA, NOB.

DIAGNOSE. — *Testa umbilicata, solida, subcretacea, supra parum conoidea vel lœviter depressa, infra sat convexa, argute regulariterque striata, subterraneo-albidula aliquandoque su-*

perficie zonulis cum multis lineolis griseis interruptisque circum cincta.—Umbilico in centro angustissime profundo sed in ultimo anfructu late dilatato et excentrico. — Spira parum convexa sat elata ; apice minutissimo, corneo atque lœvigato. — Anfractibus 6 convexiusculis, regulariter lenteque crescentibus, sutura sat impressa separatis ; ultimo vix majore in principio ferme subangulato, postea usque ad aperturam rotundato, ad intertionem labri recto vel breviter atque vix deflexo. — Apertura obliqua, parum lunata, transverse suboblongorotundata. — Peristomate recto et acuto, ad marginem lœviter subpatulescente, intus albido atque labiato.—Marginibus sat remotis.

DIMENSIONS. — Hauteur totale : 4 1/2 à 5 1/2 millimètres. — Diamètre maximum : 9-10 millimètres.

HABITAT. — Peu commun : les alluvions du Rhône au nord de Lyon ; les allées du parc du château de l'Aumusse, près Mâcon.

OBSERVATIONS. — Cette forme, que nous considérons comme nouvelle, appartient au groupe des striées ; elle doit prendre rang à côté des *Helix diniensis, H. fasciolata, H. gesocribatensis, H. lieuranensis* et *H. heripensis.* On la distinguera facilement de toutes ces formes qui paraissent vivre dans les mêmes conditions, par sa taille plus petite que celle de l'*Helix heripensis,* par sa forme plus déprimée en dessus que celle de l'*Helix gesocribatensis,* par ses tours croissant plus lentement et plus régulièrement que ceux de l'*Helix diniensis,* par ses tours relativement plus arrondis que ceux de l'*Helix fasciolata ;* enfin et surtout par la forme large et dilatée de son ombilic, notablement plus grand que dans toutes les autres espèces que nous venons de signaler, et qui laisse bien voir l'avant-dernier tour sur presque toute sa longueur.

HELIX GESOCRIBATENSIS, Bourguignat

Helix gesocribatensis, Bourguignat, 1880. *In Locard, Études sur les var. malac.*, I, p. 157.

Habitat. — Très-rare : dans le parc du château de l'Aumusse, près Pont-de-Veyle.

Observations. — Nous ne possédons, de cette station, que cinq échantillons déterminés par M. Bourguignat. Cette forme nouvelle se distingue des autres Hélices du groupe des striées par son galbe essentiellement conique, par la forme élevée de sa spire, par l'étroitesse de son ombilic, etc.

HELIX HERIPENSIS, J. Mabille

Helix heripensis, J. Mabille, 1877. *In Bull. Soc. zool.*, p. 304.

Habitat. — Peu commun ; paraît vivre dans des conditions similaires à celles de l'*Helix fasciolata* : les environs de Lyon, dans la vallée du Rhône, la côtière de Miribel ; le Bas-Bugey, Lagnieu ; le Haut-Bugey, Chavornay ; la vallée de la Saône, l'Aumusse près Pont-de-Veyle.

Observations. — La taille de cette coquille paraît varier suivant les stations ; on trouve parfois dans les alluvions du Rhône, au nord de Lyon, des individus de grande dimension. En outre, chez les individus de taille moyenne la tendance à la subscalarité n'est point rare.

Il sera toujours facile de distinguer les grands échantillons, des autres Hélices de ce groupe, par leur taille ; quant à ceux qui ont les mêmes dimensions que les individus de l'*Helix fascio-*

lata, on les reconnaîtra à la forme de l'ouverture un peu moins arrondie, et surtout à leur ombilic plus large et plus ouvert, mais moins dilaté cependant que celui de l'*Helix idanica*.

HELIX INTERSECTA, Poiret

Helix intersecta, Poiret, 1801. *Coq. fluv. et terr. de l'Aisne, Prodr.*, p. 81.
—   —   Dupuy. *Loc. cit.*, p. 280, tab. XIII, f. 1.
—   —   Moquin. *Loc. cit.*, p. 241 (pars).

Habitat. — Assez rare ; vit de préférence dans les vallées, non loin du bord de l'eau, ou dans les prairies un peu sèches, recherchant toujours les endroits un peu chauds, bien abrités du vent : les environs de Lyon, dans la vallée du Rhône ; la côtière de Miribel ; Fernex ; le parc du château de l'Aumusse près Pont-de-Veyle.

Observations. — C'est cette même forme que plusieurs auteurs désignent sous le nom d'*Helix caperata* Montagu, *H. intersecta* Michaud, *H. ignota* Mabille, ou confondent avec l'*Helix striata* de Draparnaud. M. Servain (1) vient à juste titre d'affirmer l'identité de toutes ces formes, qui ne sont tout au plus que des manières d'être différentes d'un même type donné se modifiant suivant la latitude de son habitat.

HELIX DINIENSIS, Rambur

Helix diniensis, Rambur, 1868. *In Journ. de Conch.*, XVI, p. 267 ; XVII, p. 258, pl. IX, f. 2.

Habitat. — Peu commun ; dans les régions basses des plaines et des vallées, recherchant les endroits secs, pierreux ou

(1) Servain, 1880. *Études sur les Mollusques recueillis en Espagne et en Portugal.* p. 91.

sablonneux, un peu chauds : les environs de Lyon, dans la vallée du Rhône, la côtière de Miribel ; le parc du château de l'Aumusse ; plus abondant dans les alluvions du fleuve au nord de Lyon.

OBSERVATIONS. — Cette forme est voisine des *Helix intersecta* et *Helix fasciolata ;* on la distinguera par l'extrémité du côté interne du dernier tour, qui s'arrondit moins autour de l'ombilic, et prend une direction subitement extérieure ; par la forme de son ouverture qui est plus évasée, avec le bourrelet placé plus profondément ; enfin par le bord gauche qui, à son insertion, s'arrondit et se déjette davantage du côté de l'ombilic.

HELIX COSTULATA, ZIEGLER

Helix costulata, ZIEGLER, 1828. *In Pfeiffer, Deut. Moll.*, p. 32, t. VI, f. 21, 22 (n. Fer.).
— — DUPUY. *Loc. cit.*, p. 275, tab. XII, f. 9.
— *conspurcata*, MOQUIN-TANDON. *Loc. cit.*, p. 237, pl. XVIII, f. 5, 6 (v. *costulata*).

HABITAT. — Rare ; nous avons retrouvé dans les alluvions du Rhône au nord de Lyon quelques échantillons de l'*Helix costulata*, mais nous ne connaissons encore aucun habitat exact de cette coquille dans le département de l'Ain, où cependant elle doit se rencontrer ; on devra la rechercher dans la partie montagneuse et submontagneuse, dans les endroits frais, ombragés, sous les pierres calcaires ; c'est du moins dans ces conditions que nous l'avons toujours observée dans le Rhône, l'Isère, la Savoie, la Côte-d'Or, etc.

HELIX UNIFASCIATA, POIRET

Helix unifasciata, POIRET, 1801. *Coq. fluv. et terr. de l'Aisne, Prodr.*, p. 41.
— *candidula*, DUPUY. *Loc. cit.*, p. 282, tab. XIII, f. 3.
— *unifasciata*, MOQUIN-TANDON. *Loc. cit.*, p. 234, pl. XVII, f. 36, 41 (pars).

HABITAT. — Commun ; dans les endroits chauds et secs, surtout pierreux, à toutes les altitudes ; en colonies assez populeuses et souvent dispersées : partout, dans tout le département.

VARIÉTÉS. — *Minor*, Dumont et Mortillet (1) ; assez rare ; dans les régions montagneuses et élevées : le Colombier ; le pays de Gex. — *Candidula* Studer (2) ; assez commun ; dans la partie montagneuse : le Bugey, le Valromey, le pays de Gex, le Revermont. — *Radiata*, Moquin-Tandon ; assez commun : dans les parties basses des plaines et des vallées : les environs de Lyon, la côtière de Miribel, la Dombes, la vallée de la Saône, la Bresse. — *Interrupta*, Moq.-Tand ; assez rare : dans les mêmes stations. — *Hypogramma*, Moq.-Tand ; assez commun : les bords du Rhône et la côtière de Miribel ; la vallée de la Saône, la Bresse, Pont-de-Veyle, Trévoux. — *Obscura*, Moq.-Tand ; assez rare : dans les mêmes stations. — *Bizonata*, Locard (3) ; assez rare : les environs de Lyon, la côtière de Miribel.

HELIX NEMORALIS, Linné

Helix nemoralis, Linné, 1758. *Systema naturæ*, édit. X, p. 773.
—   —   Dupuy. *Loc. cit.*, p. 138, tab. V, f. 7, et t. VI, f. 1.
—   —   Moquin-Tandon. *Loc. cit.*, p. 162, pl. XIII, f. 1-6.

HABITAT. — Très-commun ; dans les régions basses et moyennes des plaines et des vallées, ne dépassant pas 1,200 à 1,300 mètres d'altitude, en colonies très-nombreuses, très-populeuses, largement dispersées ; recherchant les endroits un peu frais, dans les jardins, les prés, les champs, vivant sur les haies, les arbres, les buissons : partout.

(1) Dumont et Mortillet, 1857. *Catal. crit. et malac.*, p. 63.
(2) Studer, 1820. *Kurzes verzeichn.*, p. 85.
(3) Locard, 1880. *Études sur les var. malac..* I, p. 167.

Variétés. — *Coquilles à bandes distinctes.* — *Quinquefasciata*, Moquin-Tandon ; très-commun : partout. — *Brissonia*, Moq. ; très-commun : partout. — *Kreglingeria*, Locard (1) ; rare : la vallée de la Saône aux environs de St-Laurent-d'Ain. — *Bornea*, Moq. ; très-rare : Miribel. — *Favanea*, Moq. ; peu commun : Saint-Laurent, les environs de Pont-de-Veyle, l'Aumusse. — *Argenvillea*, Moq. ; assez rare : Miribel, Culoz. — *Requienia*, Moq. ; assez rare : Miribel. — *Biguetia*, Moq. ; peu commun : Saint-Laurent, Miribel. — *Poupartia*, Moq. ; assez rare : la vallée de la Saône, Saint-Laurent, Trévoux. — *Bruguieria*, Moq. ; assez rare : les environs de Lyon, dans les vallées du Rhône et de la Saône. — *Gabillotia*, Loc. ; assez rare : Pont-de-Veyle.— *Freminvillea*, Loc. ; très-rare : la vallée de la Saône aux environs de Mâcon. — *Cuvieria*, Moq. ; commun : presque partout. — *Polia*, Moq. ; commun : presque partout. — *Guettardia*, Moq. ; assez rare : les environs de Lyon, la Dombes, Miribel. — *Euthymea*, Loc. ; rare : la vallée de la Saône, Trévoux. — *Dillwynia*, Moq. ; rare : Culoz.

Coquilles à bandes soudées. — *Reaumuria*, Moq. ; assez commun : partout. — *Woodia*, Moq. ; peu commun : les environs de Lyon, Culoz. — *Brardia*, Moq. ; la vallée de la Saône, les environs de Mâcon, Trévoux.— *Poiretia*, Moq. ; peu commun : les environs de Lyon, Culoz, le Bugey, Bourg. — *Lortetia*, Loc. ; peu commun : la vallée de la Saône, Sathonay. — *Falsania*, Loc. ; rare : les bords du Rhône au nord de Lyon, Bourg. — *Gronovia*, Moq. ; rare : les environs de Lyon, Belley. — *Souleyetia*, Moq. ; peu commun : les environs de Lyon, Miribel, Tramoyes. — *Gmelina*, Moq. ; assez commun : les environs de Lyon, Culoz, Bourg. — *Dugesia*, Moq. ; assez rare : les environs de Lyon, dans la vallée du Rhône, la Dombes, Tramoyes, les environs de Belley. — *Chantrea*, Loc. ; rare : Miribel.

____

(1) Locard, 1880. *Études sur les var. malac.*, I, p. 175.

Coquilles à bandes interrompues, réduites à des taches ou à des points. — *Adansonia*, Moq.; assez commun : Culoz. — *Mortilletia*, Loc.; rare : les environs de Belley et de Hauteville. — *Turtonia*, Moq.; assez commun : les environs de Lyon, la Dombes, la Bresse, le Bas-Bugey. — *Dumontia*, Loc.; assez commun : les environs de Lyon, Miribel, la Dombes, la Bresse. — *Turtonia*, Moq.; peu commun : Pont-de-Veyle. — *Mabillea*, Loc.; rare : Pont de-Veyle. — *Crossea*, Loc.; rare : les bords de la Saône à Saint-Laurent. — *Gaudrya*, Loc.; assez rare : la Bresse, les environs de Bourg. — *Donovania*, Moq.; peu commun : les environs de Lyon, la Dombes. — *Forbesia*, Moq.; assez rare : les environs de Lyon, dans la vallée du Rhône. — *Mülleria*, Moq.; assez rare : Culoz, les environs de Belley, Hauteville. — *Pacomea*, Loc.; rare : Culoz. — *Repellinia*, Loc.; rare : Culoz. — *Closia*, Moq.; peu commun : les environs de Lyon, dans la vallée du Rhône, le Colombier, Culoz. — *Moquiniana*, Loc.; peu commun : les environs de Lyon, dans la vallée du Rhône, Culoz. — *Lorya*, Loc.; rare : Culoz, Seyssel. — *Bomarea*, Moq.; rare : la vallée du Rhône au nord de Lyon. — *Matheronia*, Loc.; assez rare : la vallée de la Saône au nord de Pont-de-Veyle.

Coquilles à bandes transparentes. — *Hermania*, Moq.; rare : dans les alluvions du Rhône, au nord de Lyon. — *Leachia*, Moq. ; assez rare : Culoz. — *Foucheyrandia*, Loc.; rare : le Colombier. — *Duchampia*, Loc.; rare : Miribel, Culoz.

Coquilles sans bandes. — *Libellula*, Risso; très-commun : partout. — *Albescens*, Moq.; rare : le Colombier, la montagne de Parves dans le Bugey. — *Rubella*, Moq.; commun : presque partout. — *Petiveria*, Moq.; très-commun : partout. — *Castanea*, Moq.; rare : les bords du lac de Silan.

OBSERVATIONS. — Nous n'avons pas la prétention de signaler ici toutes les variétés ou mieux les sous-variétés de l'*Helix nemo-*

ralis, pas plus que d'indiquer toutes les stations où on peut les rencontrer. Pareille forme, aussi commune et aussi polymorphe dans son ornementation, doit nécessairement présenter une grande multiplicité de manières d'être différentes. Aussi nous sommes-nous borné à signaler les principales variétés et les localités où les colonies appartenant à chacune de ces variétés nous ont paru le mieux caractérisées.

HELIX HORTENSIS, Müller

Helix hortensis, MÜLLER, 1774. *Verm. terr. et fluv. hist.*, p. 52.
— — DUPUY. *Loc. cit.*, p. 138, tab. VI, f. 2.
— — MOQUIN-TANDON. *Loc. cit.*, p. 167, pl. XIII, f. 7-9.

HABITAT. — Commun ; dans la partie sub-montagneuse et montagneuse du département, à toutes les altitudes, mais plus normalement entre 400 et 1,200 mètres ; recherchant davantage la fraîcheur et l'ombre que l'*Helix nemoralis* : presque partout, mais plus particulièrement dans le Haut et Bas-Bugey, le Valromey, le pays de Gex, le Revermont et la Bresse.

VARIÉTÉS. — *Coquilles à bandes distinctes.* — *Quinquevittata,* Moquin-Tandon ; commun : presque partout. — *Alderia,* Moq.; commun : dans les mêmes stations. — *Barnesia,* Moq.; assez rare : Pont-de-Veyle. — *Devilliersia,* Locard (1); le Valromey. — *Moulinsiana,* Moq.; assez rare : le pays de Gex, la Faucille. — *Bernardia,* Loc.; rare : le Colombier. — *Debeauxia,* Loc.; rare : le Bas-Bugey, la Chartreuse de Portes. — *Folinia,* Loc.; assez rare : la Bresse, Pont-de-Veyle. — *Venetzia,* Moq.; assez rare : les bords de la Saône, la Bresse. — *Sarratia,* Moq.; commun : presque partout. — *Morletia,* Loc.; assez rare : la vallée de la Saône, la Bresse, le Colombier.

(1) Locard, 1880. *Études sur les var. malac.*, I, p. 187.

Coquilles à bandes soudées. — *Charpentieria,* Moq.; peu commun : le Haut-Bugey, le Valromey. — *Drouetia,* Moq.; assez rare : le pays de Gex, Fernex, la Faucille ; la Bresse, Pont-de-Veyle. — *Putonia,* Moq.; assez rare : le Bugey, les environs de Belley, Hauteville ; la Bresse, Pont-de-Veyle, l'Aumusse. — *Bouchardia,* Moq.; très-rare : Seyssel.

Coquilles à bandes interrompues, réduites à des taches ou des points. — *Bellardia,* Loc.; rare : la Bresse, la vallée de la Saône au nord de Saint-Laurent. — *Kokleia,* Moq.; dans les alluvions du Rhône, au nord de Lyon.

Coquilles à bandes transparentes. — *Petitia,* Moq.; assez commun : le Haut-Bugey, les environs de Hauteville, le Valromey. — *Vallotia,* Moq.; rare : les alluvions du Rhône, au nord de Lyon. — *Reclusia,* Moq.; assez commun : le Bugey, le Colombier, les bois au-dessus de Hauteville.

Coquilles sans bandes. — *Lutea,* Moq.; commun : presque partout. — *Baudonia,* Moq.; commun : les environs de Lyon, dans la vallée du Rhône ; le Bugey, la Chartreuse de Portes, le Colombier, Hauteville ; la Bresse. — *Incarnata,* Moq.; assez commun : dans les mêmes stations.

HELIX SYLVATICA, Draparnaud

Helix sylvatica, Draparnaud, 1801. *Tabl. moll.,* p. 79 ; *Hist.,* p. 93, pl. VI, f. 112.
    —   —   Dupuy. *Loc. cit.,* p. 130, tab. V, f. 5.
    —   —   Moquin-Tandon. *Loc. cit.,* p. 171, pl. XIII, f. 10-13.

Habitat. — Commun; vit accidentellement dans la région des plaines basses et des vallées, se tient plus volontiers à une altitude supérieure à 300 mètres, pour devenir plus commun encore au-dessus de 500 mètres ; recherche les endroits frais, un peu abrités du vent, se tient sur les arbrisseaux, les arbres, dans les bois, les fourrés, les buissons : dans toute la partie montagneuse et sub-montagneuse du département.

Variétés. — *Punctato-fasciata*, Moquin-Tandon; commun : presque partout. — *Fasciata*, Moq.; assez commun : les bois de Hauteville, le Valromey, le pays de Gex. — *Trizona*, Moq.; plus rare : le pays de Gex, le col de la Faucille. — *Elegans*, Moq.; rare : le Colombier. — *Maculosa*, Moq.; rare : Oyonnax, Nantua. — *Modesta*, Moq.; rare : la Faucille. — *Punctata*, Moq.; peu commun : le Haut-Bugey, le Colombier, Hauteville; le Valromey; Nantua; Volognat. — *Inornata*, Moq.; peu commun : le Bugey, le Colombier, les environs de Belley, Hauteville; Volognat. — *Lactea*, Moq.; rare : les bois au-dessus de Hauteville. — *Subpellucida*, Locard; rare : le Bugey, Hauteville; Nantua; Volognat.— *Pellucida*, Loc.; assez rare : montagnes de Parves près Belley; Volognat.

Observations.— En dehors de ces sous-variétés, nous ferons observer que les formes *major* et *minor* qui peuvent appartenir indistinctement à chacune d'elles se retrouvent presque toujours à des altitudes différentes; les colonies des régions élevées sont la plupart du temps de taille bien moindre que celles des régions plus basses.

HELIX ASPERSA, Müller

Helix aspersa, Müller, 1774. *Verm. terr. et fluv. hist.*, II, p. 59.
   —   —   Dupuy. *Loc. cit.*, p. 108, tab. III, f. 1.
   —   —   Moquin-Tandon. *Loc. cit.*, p. 173, pl. XIII, f. 14-32.

Habitat. — Très-commun; vit surtout dans la région des plaines basses et des vallées en colonies très-populeuses, mais peut s'élever à toutes les altitudes; en ce cas, les colonies sont beaucoup moins nombreuses; recherche les endroits frais, humides, couverts, ombragés; dans les jardins, les bois, les vignes : partout.

Variétés. — *Obscura, Zonata, Grisea, Marmorata*, Mo-

quin-Tandon ; commun : partout. — *Unicolor, Albida,* Moq.;
plus rare : dans les régions boisées du Bugey, et en général
dans les parties montagneuses.

HELIX POMATIA, Linné

Helix pomatia, Linné, 1758. *Systema naturæ,* édit. X, p. 771.
  —   —   Dupuy. *Loc. cit.,* p. 105, tab. II, f. 4.
  —   —   Moquin-Tandon. *Loc. cit.,* p. 179, pl. XIV, f. 1-9.

Habitat. — Très-commun ; vit surtout dans les régions des
plaines basses et des vallées, recherche les terres fortes, vit de
préférence dans les jardins, les champs, les vignes , peut s'élever à plus de 1,200 mètres d'altitude : partout.

Variétés.—*Quinquefasciata,* Moquin-Tandon; peu commun:
les environs de Lyon, dans la vallée du Rhône , la Dombes, la
Bresse. — *Bifasciata,* Locard (1) ; assez rare : les environs de
Lyon , la côtière de Miribel. — *Brunea,* Moq.; peu commun :
le Bas-Bugey, les environs de Belley, la Dombes, la Bresse. —
Albida, Moq.; assez commun : la Bresse. — *Scalaria ;* très-
rare : trouvé à Miribel par M. l'abbé Philippe dans le jardin de
la cure. — *Sinistra ;* très-rare : la Bresse.

Genre **BULIMUS**, Scopoli

BULIMUS MONTANUS, Draparnaud

Bulimus montanus, Draparnaud, 1801. *Tabl. moll.,* p. 65; *Hist.,* p. 74, pl. IV, f. 22.
  —   —   Dupuy. *Loc. cit.,* p. 316, tab. XV, f. 5.
  —   —   Moquin-Tandon. *Loc. cit.,* p. 280, pl. XXI, f. 1-4.

Habitat. — Peu commun ; vivant toujours en colonies peu

(1) Locard, 1880. *Études sur les var. malac.,* I, p. 203.

populeuses et très-dispersées, dans la partie montagneuse et plus particulièrement dans les bois de sapins supérieurs à la région des vignes, recherchant la fraîcheur et l'humidité : le Haut-Bugey, les flancs du Colombier, les bois de Hauteville.

OBSERVATIONS. — Nous avons, dans un autre travail (1), signalé deux variétés bien distinctes chez le *Bulimus montanus* du Dauphiné ; il est fort probable que de nouvelles recherches amèneront la découverte de formes similaires dans le Bugey.

BULIMUS OBSCURUS, MÜLLER

Helix obscura, MÜLLER. *Verm. terr. et fluv. hist.*, II, p. 103.
Bulimus obscurus, DUPUY. *Loc. cit.*, p. 318, tab. XV, f. 6.
—   —   MOQUIN-TANDON. *Loc. cit.*, p. 291, pl. XXI, f. 5-10.

HABITAT. — Assez commun ; depuis la région des plaines basses et des vallées jusqu'à 1,500 mètres d'altitude, vivant en colonies nombreuses mais dispersées ; dans les endroits frais, humides, couverts, recherchant les vieux bois ou les pierres moussues : les environs de Lyon dans la vallée du Rhône, la côtière de Miribel ; le Haut et Bas-Bugey, les environs de Belley, Hauteville, le Colombier ; le pays de Gex, Thoiry, Fernex ; Nantua ; Volognat.

VARIÉTÉS. — *Minor*, Locard (2); assez rare ; les environs de Belley.

BULIMUS DETRITUS, MÜLLER

Helix detrita, MÜLLER, 1774. *Verm. terr. et fluv. hist.*, II, p. 101.
Bulimus detritus, DUPUY. *Loc. cit.*, p. 314, tab. XV, f. 4.
—   —   MOQUIN-TANDON. *Loc. cit.*, p. 294, pl. XXI, f. 11-24.

(1) Locard. *Études sur les var. malac.*, p. 205, pl. III, f. 17-18.
(2) Locard, 1880. *Loc. cit.*, p. 208.

Habitat. — Peu commun ; toujours localisé, vivant en colonies assez populeuses et peu dispersées, dans les prés, les champs au bord des chemins, recherchant de préférence les terrains légers, sablonneux : le Bas-Bugey, Saint-Sorlin, Blanaz, Oyonnax, Cerdon ; la vallée de la Saône, dans les petites vallées transversales entre Trévoux et Lyon, etc.

Variétés. — *Major*, Locard ; peu commun : les environs de Lyon. — *Inflatus*, Loc. ; rare : mêmes localités. — *Radiatus*, Moquin-Tandon ; assez commun : les environs de Lyon ; Blanaz ; Oyonnax.

Genre CHONDRUS, Cuvier

CHONDRUS TRIDENS, Müller

Bulimus tridens, Müller, 1774. *Verm. terr. et fluv. hist.*, II, p. 106.
Pupa tridens, Dupuy. *Loc. cit.*, p. 374, tab. XVIII, f. 7.
Bulimus tridens, Moquin-Tandon. *Loc. cit.*, p. 297, pl. XXI, f. 25-30.

Habitat. — Assez commun ; vit en colonies nombreuses, parfois assez dispersées, dans les endroits frais, dans les champs, les prés, sous les haies et les buissons ; paraît rechercher les terrains un peu sablonneux ; ne semble pas dépasser 500 mètres d'altitude : les environs de Lyon, la vallée du Rhône, la côtière de Miribel ; le Bas-Bugey, Lagneu, les environs de Belley, Blanaz, Ambérieu ; le pays de Gex, Fernex ; la Bresse ; la vallée de la Saône, le Crottet, Pont-de-Veyle, Trévoux, etc.

Variétés. — *Major*, Menke (1) ; rare : Miribel, l'Aumusse. Les échantillons de Miribel mesurent de 10 à 13 millimètres de hauteur. — *Minor*, Menke ; assez rare : le Bugey, les environs de Belley. — *Albinus*, rare ; coquille complètement blanche : le parc du château de l'Aumusse.

(1) Menke, 1830 *Syn. moll.*, p. 34.

CHONDRUS QUADRIDENS, Müller

Helix quadridens, MÜLLER. 1774. *Verm. terr. et fluv. hist.*. II, p. 107.
Pupa quadridens, DUPUY. *Loc. cit.*, p. 376, tab. XVIII. f. 8.
Bulimus quadridens, MOQUIN-TANDON. *Loc. cit.*, p. 299, pl. XXII, f. 1-6.

HABITAT. — Assez commun ; vit à peu près dans les mêmes
conditions que le *Chondrus tridens*, mais s'élevant à de plus
hautes altitudes : les environs de Lyon, la vallée du Rhône, la
côtière de Miribel, Loyes ; le Haut et Bas-Bugey, Lagnieu, Ambérieux, Blanaz, les environs de Belley, le Colombier ; le Valromey ; le pays de Gex, Fernex ; le Revermont, la Bresse ; la
vallée de la Saône, aux environs de Pont-d'Ain et de Trévoux.

VARIÉTÉS. — *Major*, Blauner (1) : assez rare : le Bugey, les
environs de Belley. — *Minor*, Moquin-Tandon ; peu commun : le Bugey, les environs de Belley, Colomieu, Billieu ;
dans cette dernière station les échantillons n'ont que 6 à 7 millimètres de longueur. — *Albina*, nob ; rare : coquille de taille
moyenne, mais de couleur complètement blanche, un peu cornée : les environs de Belley.

Genre **FERUSSACIA**, Risso

FERUSSACIA SUBCYLINDRICA, Linné

Helix subcylindrica. LINNÉ. 1767. *Systema naturæ*. édit XII. p. 1248.
Zua lubrica. DUPUY. *Loc. cit.*. p. 330. tab. XV. f. 9.
Bulimus subcylindricus. MOQUIN-TANDON. *Loc. cit.*, p. 304. pl. XXII. f. 15-19.

HABITAT. — Assez commun ; en colonies peu nombreuses,

(1) Blauner. in Moquin-Tandon. *Loc. cit.*, II. p. 300.

mais peu dispersées, dans les endroits frais, très-humides, ombragés ; vit à toutes les altitudes, sur les vieux murs, dans la mousse, au pied des troncs d'arbres, le plus souvent près des ruisseaux ou des cours d'eau ; très-commun dans les alluvions du Rhône : les environs de Lyon, dans la vallée du Rhône ; la Dombes dans le fond des vallons latéraux ; le Bugey, les environs de Belley, au bord des lacs et des marais ; le Valromey ; le pays de Gex, Fernex, Chevry, le Reculet ; Oyonnax ; Nantua ; le Revermont ; les prairies de Villeneuve-Domsure ; la Bresse, la vallée de la Saône et les petites vallées aboutissantes, le Crottet, Pont-de-Veyle, Trévoux, etc.

Variétés. — *Grandis*, Menke (1) ; Rare : les environs de Lyon, les alluvions du Rhône. — *Fusiformis*, Picard (2) ; peu commun : le Bugey, les environs de Belley. — *Oliva*, Locard (3) ; assez commun : les environs de Lyon, dans la vallée de la Saône. — *Fusca*, Moquin-Tandon ; assez commun : les environs de Lyon, le Bugey, la Bresse. — *Sinistra ;* très-rare : dans les alluvions du Rhône, au nord de Lyon.

FERUSSACIA COLLINA, H. Drouët

Achatina collina, H. Drouët, 1855. *Enum. moll. France contin.*, p. 46.
Bulimus subcylindricus, Moquin-Tandon. *Loc. cit.*, p. 404 (v. *collina*).

Habitat. — Rare ; paraît vivre dans les mêmes conditions que le *Ferussacia subcylindrica*, quoiqu'à de moins grandes altitudes ; plus commun dans les alluvions du Rhône, au nord de Lyon : le Bugey, les environs de Belley à Billieu et à Chazay ; Oyonnax.

(1) Menke, 1830. *Syn. moll.*, p. 29.
(2) Picard, 1840. *Moll. Somme*, p. 240.
(3) Locard, 1877. *Malacologie lyonnaise*, p. 50.

OBSERVATIONS. — La présence de cette petite forme dans les alluvions du Rhône donne lieu de supposer qu'elle doit habiter dans bien d'autres stations que celles que nous indiquons; nous ne l'avons cependant pas retrouvée dans la vallée du Rhône, au nord de Lyon; Terver l'avait rencontrée à Fontaines-sur-Saône, à l'extrémité du plateau bressan.

Genre CÆCILIANELLA, Bourguignat

CÆCILIANELLA ACICULA, MÜLLER

Buccinum acicula, MÜLLER, 1774. *Verm. terr. et fluv. hist.*, II, p. 150.
Achatina acicula, DUPUY. *Loc. cit.*, p. 237, tab. XV, f. 6.
Bulimus acicula, MOQUIN-TANDON. *Loc. cit.*, p. 309. pl. XII, f. 32, 33.

HABITAT. — Rare; difficile à trouver à l'état vivant, par suite de ses habitudes qui le font vivre sous terre, souvent même à d'assez grandes profondeurs; plus commun dans les alluvions : les environs de Lyon, dans les alluvions du Rhône, les environs de Belley; Fernex.

OBSERVATIONS. — Nous n'avons pas encore reçu ce mollusque vivant; tous nos échantillons provenaient des alluvions : dans les alluvions du Rhône, au nord de Lyon, les coquilles de ce *Cæcilianella* sont parfois très-communes après les inondations.

Genre CLAUSILIA, Draparnaud

CLAUSILIA SILANICA, BOURGUIGNAT

Clausilia silanica, BOURGUIGNAT. 1877. *Hist. class. de France. in Ann. sc. nat.*, p. 16.

HABITAT. — Rare: signalé par M. Bourguignat dans les alluvions du lac de Silan. au-dessus de Nantua.

CLAUSILIA LAMINATA, Montagu

Turbo laminatus, Montagu, 1807. *Test. Britann.*, p. 359, pl. II, f. 5.
Clausilia laminata, Dupuy. *Loc. cit.*, p. 343, tab. XVI, f. 6.
    —   —   Moquin-Tandon. *Loc. cit.*, p. 318, pl. XXIII, f. 2-8.

Habitat. — Assez commun ; depuis la région basse des
plaines et des vallées jusqu'à plus de 1,000 mètres d'altitude ;
vit en colonies assez populeuses et peu dispersées, souvent logé
dans les troncs des vieux arbres ou caché dans la mousse à
leur pied ; dans les endroits frais, humides, de préférence au
bord des ruisseaux : le Bugey, les environs de Belley, la montagne de Parves, le Colombier, Ambérieux, Hauteville ; le Valromey ; la Bresse ; la Dombes, etc.

CLAUSILIA FIMBRIATA, Ziegler

Clausilia fimbriata, Ziegler, 1835. *In Rossmässler, Iconogr.*, f. 166.
    — *phalerata*, Dupuy. *Loc. cit.*, p. 345, tab. XVI, f. 7.
    — *laminata*, Moquin-Tandon. *Loc. cit.*, p. 318, pl. XXIII, f. 9.

Habitat. — Rare ; surtout localisé, vivant en petites colonies dans les mêmes conditions que le *Clausilia laminata*, mais
toujours dans les bois, à de hautes altitudes : le Bugey, la Chartreuse de Portes, le Colombier, les bois au-dessus de Hauteville.

CLAUSILIA PUNCTATA, Michaud

Clausilia punctata, Michaud, 1831. *Compl. hist. moll.*, p. 55, pl. XV, f. 23.
    —   —   Dupuy. *Loc. cit.*, p. 348, tab. XVI, f. 8.
    —   —   Moquin-Tandon. *Loc. cit.*, p. 326, pl. XXIII, f. 31-37 ; pl. XXIV, f. 1-7.

HABITAT. — Rare ; trouvé par M. de Mortillet dans le pays de Gex, entre Gex et la Faucille, vers la fontaine Napoléon.

OBSERVATIONS. — Cette forme plus particulièrement méridionale se retrouve cependant sur plusieurs points de la partie centrale du bassin du Rhône, notamment dans l'Isère ; elle a dû remonter du Midi par la vallée du Rhône.

CLAUSILIA VENTRICOSA, DRAPARNAUD

Clausilia ventricosa, DRAPARNAUD, 1805. *Hist. moll.*, p. 71, pl. IV, f. 14.
   —   —   DUPUY. *Loc. cit.*, p. 360, tab. XVII, f. 10.
   —   —   MOQUIN-TANDON. *Loc. cit.*, p. 344, pl. XXIV, f. 8-10.

HABITAT. — Assez rare ; vivant sur quelques points isolés en colonies assez nombreuses et peu dispersées, de préférence dans les régions boisées de la partie montagneuse, recherchant les endroits frais, humides, couverts ; sur les vieilles pierres moussues, sur les troncs d'arbres ou à leur pied : le Bugey, Hauteville, Inimont, le Colombier ; le Valromey ; la Bresse, Meyriat.

CLAUSILIA MICROPLEUROS, BOURGUIGNAT

Clausilia micropleuros, BOURGUIGNAT, 1877. *Hist. Claus. France*, in *Ann. sc. nat.*, p. 27.

HABITAT. — Rare ; signalé par M. Bourguignat dans les bois de Nantua.

OBSERVATIONS. — Cette Clausilie se distingue du *Clausilia ventricosa* par ses costulations épaisses, larges, plus saillantes, comme écrasées, très-serrées les unes contre les autres, tandis que celles du *Cl. ventricosa* sont écartées, fines, latéralement comprimées et saillantes ; son arête cervicale est plus courte et n'atteint pas le bord péristoméal ; enfin son ouverture est moins large, plus oblongue, etc.

CLAUSILIA EARINA, Bourguignat

Clausilia earina, Bourguignat, 1877. *Hist. Claus. France, in Ann. sc. nat.*, p. 28.

HABITAT. — Rare ; signalé par M. Bourguignat aux environs de Bellegarde.

OBSERVATIONS. — Cette forme paraît particulière à la vallée du Rhône ; M. Bourguignat la cite également en Suisse dans la même vallée, au-dessus du lac de Genève. On ne peut la rapprocher que du *Clausilia helvetica* (1) ; elle en diffère par sa taille plus petite, son galbe plus ventru, plus fusiforme, par ses costulations plus espacées, avec des intervalles régulièrement martelés, par son dernier tour non ascendant vers l'ouverture, etc.

CLAUSILIA CARTHUSIANA, Bourguignat

Clausilia carthusiana, Bourguignat, 1820. *Hist. Clausilie France, in Ann. sc. nat.*, p. 30.

HABITAT. — Rare ; signalé pour la première fois dans l'Isère, aux environs de la Grande-Chartreuse ; nous l'avons observé une seule fois parmi un envoi de Clausilies récoltées au Colombier.

OBSERVATIONS. — Cette forme est voisine du *Clausilia Rolphii;* elle s'en distingue surtout par son test à stries plus fortes

(1) Bourguignat, 1862. *Malacologie du lac des Quatre-Cantons.* p. 34. pl. II, f. 4-6.

et un peu plus écartées; ses costulations, dit M. Bourguignat, ressemblent complètement à celles du *Clausilia lamellosa*, Villa, de la Lombardie, tandis que les caractères de son ouverture sont ceux du *Clausilia Rolphii*.

CLAUSILIA ROLPHII, Leach.

Clausilia Rolphii, Leach, 1820. *Moll. Brit. syn.*, 1re édit.; 2e édit., 1852, p. 86.
—   —   Dupuy. *Loc. cit.*, p. 359, tab. XVII, f. 9.
—   —   Moquin-Tandon. *Loc. cit.*, p. 343, pl. XXIV, f. 32, 35.

Habitat. — Assez rare; toujours localisé, formant de petites colonies peu populeuses, peu dispersées; vivant dans les régions boisées, sur les pierres ou les arbrisseaux : le Colombier, les bois de Nantua.

CLAUSILIA PLICATULA, Draparnaud

Pupa plicatula, Draparnaud, 1801. *Tabl. moll.*, p. 64.
Clausilia plicatula, Dupuy. *Loc. cit.*, p. 366, tab. XVIII, f. 7.
—   —   Moquin-Tandon. *Loc. cit.*, p. 340, pl. XXIV, f. 28-31.

Habitat. — Assez rare; dans la région boisée de la partie montagneuse et submontagneuse de l'est du département, vivant dans les endroits rocailleux, frais, couverts : le Colombier; les bois de Nantua.

CLAUSILIA GALLICA, Bourguignat

Clausilia dubia, Dupuy. *Loc. cit.*, p. 356, tab. XVII, f. 7.
—   *gallica*, Bourguignat, 1877. *Hist. Clausilie France, in Ann. sc. nat.*, p. 21.

Habitat. — Assez rare; dans la partie montagneuse et submontagneuse, dans les bois, sous les pierres, sur les troncs d'arbres, recherchant les endroits frais, couverts, moussus, depuis 3oo jusqu'à 1,5oo mètres d'altitude : le Bugey, le Colombier, Hauteville ; le Valromey ; la Bresse, Meyriat.

OBSERVATIONS. — Cette forme est voisine du *Clausilia dubia*. Pour M. Bourguignat, la plupart des auteurs ont mal interprété la description du *Clausilia dubia* de Draparnaud, qui serait une espèce peu commune, localisée dans les forêts dauphinoises du Vercors et du Dévoluy. Nous devons du reste la détermination de nos échantillons du Colombier à ce savant auteur.

CLAUSILIA NIGRICANS, Pultney

Turbo nigricans, PULTNEY, 1799. *Catal. Shells of Dorsetshire*, p. 48.
Clausilia nigricans, DUPUY. *Loc. cit.*, p. 355, tab. XVI, f. 2.
   —   —   MOQUIN-TANDON. *Loc. cit.*, p. 334 (pars).

HABITAT. — Très-rare ; nous n'avons observé qu'une seule fois cette coquille ; l'individu provenait de la montagne du Colombier.

OBSERVATIONS. — Cette forme a été bien souvent mal interprétée ; c'est à la figuration d'Adolphe Schmidt (1) qu'il faut rapporter le véritable type de cette coquille.

CLAUSILIA NANTUACINA, Bourguignat

Clausilia nantuacina, BOURGUIGNAT, 1877. *Hist. Claus. France, in Ann. sc. nat.*, p. 39.

HABITAT. — Rare : signalé par M. Bourguignat, sous les

(1) A. Schmidt, 1857. *D. Krit. Grupp. Eur. Claus.*, p. 47, pl. vi, f. 110-114 et pl. xi, f. 201-205.

pierres, dans les anfractuosités de la gorge en amont de Nantua, et sur les bords du lac de Silan, dans les détritus rejetés par
les eaux.

OBSERVATIONS. — Le *Clausilia nantuacina* appartient à un
groupe dont les espèces sont presque toujours recouvertes de
détritus ou de parties terreuses ; ce qui caractérise plus particulièrement cette forme, c'est que son pli palatal se prolonge au-
delà de la lunette, au moins autant en arrière qu'en avant.

CLAUSILIA PARVULA, Studer

Helix parvula, STUDER, 1789. *Faunul. Helvet., in Coxe, Trav. Switʒ.,* III, p. 131.
Clausilia parvula, DUPUY. *Loc. cit.,* p. 352. tab. XVI, f. 12.
   —   —   MOQUIN-TANDON. *Loc. cit.,* p. 330, pl. XXV, f. 1-5.

HABITAT. — Commun ; vivant en colonies nombreuses, peu
dispersées, de préférence dans la région des plaines basses
et des vallées, mais pouvant cependant s'élever à 1,000 ou
1,100 mètres d'altitude ; sous les pierres, dans les endroits
frais et humides : presque partout.

VARIÉTÉS. — *Major*, Locard (1) ; assez commun : les environs de Lyon, la Dombes, le Bas-Bugey, la vallée de la Saône ;
en général dans les endroits peu élevés. — *Minor*, Loc. ; plus
rare : les régions montagneuses et submontagneuses du Bugey,
du Valromey et du pays de Gex.

OBSERVATIONS. — Il ne faudrait pas confondre notre var.
major. avec le *Clausilia dilophia* J. Mabille, qui vit en Savoie
à Aix-les-Bains, et à Lyon sur la colline de Fourvière, à la
Quarantaine, Sainte-Foy, etc. Cette dernière forme bien typi-
que diffère de notre var. *major* par sa taille plus grande, son

(1) Locard, 1880. *Études sur les var. malac..* I, p. 244.

galbe plus régulièrement cylindrique, sa coloration moins foncée, etc.

CLAUSILIA CORYNODES, Held

Clausilia corynodes, Held, *in Bourguignat*, 1877. *Hist. Claus. France, in Ann. sc. nat.*, p. 49.

Habitat. — Rare ; dans la partie montagneuse, vivant ordinairement dans les mêmes conditions d'habitat que le *Clausilia parvula* : le Haut-Bugey, Hauteville, le Colombier.

Observations. — Cette forme, très-voisine du *Clausilia parvula*, se distingue surtout à sa taille un peu plus longue, à sa forme plus ventrue, à ses stries plus fortes, mais plus espacées et surtout plus irrégulières, à son péristome un peu plus épais, à son bourrelet plus fort et plus saillant.

CLAUSILIA TETTELBACHIANA, Rossmässler

Clausilia Tettelbachiana, Rossmässler, 1838. *Iconographie*, VII, f. 476.

Habitat. — Rare ; vit dans les mêmes conditions d'habitat que la forme précédente : le Bugey, les environs de Hauteville.

Observations. — Cette forme est très-voisine des deux précédentes ; on la distinguera surtout à son galbe plus ventru, plus gros pour une même longueur, à ses stries plus fortes et plus marquées, à la forme moins régulière, plus élargie de son ouverture, etc.

Genre BALIA, Leach

BALIA PERVERSA, Linné

Turbo perversus, Linné, 1758. *Systema naturæ*, édit. X, p. 767.
Balœa fragilis, Dupuy. *Loc. cit.*, p. 369. tab. XVIII, f. 5-6.
Pupa perversa, Moquin-Tandon. *Loc. cit.*, p. 349, pl. XXV, f. 6-14.

Habitat. — Peu commun ; plus particulièrement répandu dans la zone des plaines basses et des vallées, sur les coteaux peu élevés ; plus rare au-dessus de 600 mètres d'altitude ; vit dans la mousse, sur les vieux murs, sous les écorces des vieux arbres, recherchant les endroits frais et humides au bord de l'eau : les environs de Lyon, la côtière de Miribel, Mollon, la Dombes ; le Bas-Bugey, les environs de Belley, Hauteville.

Genre PUPA, Lamarck

PUPA AVENACEA, Bruguière

Bulimus avenacea, Bruguière. 1792. *Encyclop. meth.. Vers.*, VI. p. 355.
Pupa avenacea, Dupuy. *Loc. cit.*, p. 391. tab. XIX. f. 7.
   —   —   Moquin-Tandon. *Loc. cit.* p. 357. pl. XXV, f. 33 ; pl. XXVI, f. 1-64.

Habitat. — Assez commun ; vit en colonies nombreuses et disséminées, sous les pierres, dans la mousse, sur les murs et les rochers moussus ; plus particulièrement abondant entre 300 et 800 mètres d'altitude, plus rare au-delà : les environs de Lyon, la côtière de Miribel, la Dombes ; le Bugey, Lagnieu, Luhys, les environs de Belley, le Colombier, Culoz. Hauteville ; le pays de Gex, Gex, Chevry. Fernex ; Oyonnax ;

le Revermont ; la Bresse, Pont-de-Veyle, Trévoux, les vallées de la Saône et de l'Ain, etc.

VARIÉTÉS. — *Cerealis*, Moquin-Tandon ; assez rare : le Bugey, les environs de Belley. — *Minor*, Menke (1); assez rare : le Bugey, le Colombier ; le Revermont ; en général à de plus hautes altitudes que le type.

PUPA HORDEUM, Studer

Torquilla hordeum, Studer, 1820. *Kurz. verzeichn. Conch.*, p. 19.
Pupa avenacea, Dupuy. *Loc. cit.*, p. 393.
— *avenacea*, Moquin-Tandon. *Loc. cit.*, p. 357 (pars, non var. *hordeum*).

HABITAT. — Rare ; nous ne connaissons cette curieuse forme que dans une seule station dans le Bugey, à Talissieu, commune de Champagne.

OBSERVATIONS. — Cette forme, très-voisine des *Pupa avenacea* et *P. Farinesi*, s'en distingue surtout par la forme très-allongée de sa spire, comme l'a, du reste, bien figuré de Charpentier (2).

PUPA FRUMENTUM, Draparnaud

Pupa frumentum, Draparnaud, 1801. *Tabl. moll.*, p. 50; *Hist.*, p. 65, pl. III, f. 51-52.
— — Dupuy. *Loc. cit.*, p. 380, tab. XVIII, f. 10.
— — Moquin-Tandon. *Loc. cit.*, p. 361, pl. XXVI, f. 12-15.

HABITAT. — Assez commun ; vit de préférence dans les régions basses des plaines et des vallées, ne s'élève que rarement au-delà de 500 à 600 mètres, formant des colonies nom-

(1) Menke, 1830. *Synopsis molluscorum*, p. 32.
(2) Charpentier, 1837. *Catal. moll. Suisse*, p. 16, pl. II, f. 7.

breuses, mais dispersées; dans les endrois un peu frais, pierreux ou sablonneux : les environs de Lyon, la vallée du Rhône, la Dombes, la côtière de Miribel ; le Bas-Bugey, les environs de Belley, Ambérieu, Culoz ; Oyonnax ; Nantua ; la Bresse ; la vallée de la Saône, etc.

VARIÉTÉS. — *Elongata*, Rossmässler (1) : assez rare ; les environs de Lyon, la Dombes. — *Subcylindrica*, Locard (2) ; rare : les alluvions du Rhône au nord de Lyon. — *Callosa*, Moquin-Tandon ; rare : même station. — *Ventricosa*, Loc. ; rare : la côtière de Miribel, les alluvions du Rhône. — *Bugeysiaca*, Loc. ; assez rare : le Bugey, Thoys, près Belley.

PUPA SECALE, DRAPARNAUD

Pupa secale, DRAPARNAUD, 1801. *Tabl. moll.*, p. 50 ; *Hist.*, p. 64, pl. III, f. 49-50.
— — DUPUY. *Loc. cit.*, p. 384, tab. XIX, f. 4.
— — MOQUIN-TANDON. *Loc. cit.*, p. 366, pl. XXVI, f. 26-29.

HABITAT. — Assez commun ; vivant en colonies peu nombreuses, peu dispersées, de préférence dans la région des plaines basses et des vallées, dans les endroits un peu frais, sur les vieux murs, dans la mousse, quelquefois dans les prairies, au bord des sentiers : les environs de Lyon, la vallée du Rhône, la Dombes, la côtière de Miribel ; le Bas-Bugey, Ambérieu, les environs de Belley, Culoz ; Oyonnax ; Coligny ; la Bresse ; la vallée de la Saône, Pont-de-Veyle, Thoissey, etc.

VARIÉTÉS. — *Minor*, Moquin-Tandon ; assez rare : les alluvions du Rhône au nord de Lyon, les environs de Belley. — *Cylindrica*, Locard (3) ; rare : les alluvions du Rhône. — *De-*

(1) Rossmässler, 1837. *Iconographie*, f. 311.
(2) Locard, 1880. *Études sur les var. malac.*, I, p. 257.
(3) Locard, 1880. *Loc. cit.*, I, p. 259.

cemplicata, Bourguignat (1) ; assez rare ; les alluvions du Rhône. — *Oyonnaxia*, Loc. ; rare : les bois au-dessus d'Oyonnax.

PUPA MULTIDENTATA, Olivi

Turbo multidentatus, Olivi, 1792. *Zool. adriat..* p. 17, pl. V, f. 2.
Pupa variabilis, Dupuy. *Loc. cit.*, p. 378, tab. XV, f. 9.
   — *multidentata*, Moquin-Tandon. *Loc. cit.*, p. 374, pl. XXVII, f. 5, 9.

Habitat. — Assez rare ; dans la région basse des plaines et des vallées, en petites colonies peu populeuses ; dans les endroits frais, un peu humides : les alluvions du Rhône au nord de Lyon ; le Bugey, les environs de Belley, Magnieu, Cressieux.

Variétés. — *Major*, Moquin-Tandon ; rare ; les alluvions du Rhône. — *Pachygsater*, Moq.-Tand. ; rare : même habitat.

PUPA BIPLICATA, Michaud

Pupa biplicata, Michaud, 1831. *Compl. hist. moll.*, p. 62, pl. XV, f. 33-34.
   —   — Dupuy. *Loc. cit.*, p. 406, tab. XX, f. 5, tab. XXV, f. 1.
   —   — Moquin-Tandon. *Loc. cit.*, p. 384, pl. XXVII, f. 26, 28.

Habitat. — Très-rare ; trouvé par Terver dans les alluvions du Rhône, au nord de Lyon ; d'après la position de ces alluvions, les échantillons pouvaient venir aussi bien du département de l'Ain que de celui de l'Isère.

(1) Bourguignat, 1865. *Malacologie d'Aix-les-Bains*, p. 48, pl. II, f. 67.

PUPA DOLIUM, Draparnaud

Pupa dolium, Draparnaud, 1801. *Tabl. moll.*, p. 58; *Hist.*, p. 62, pl. III, f. 43.
—   —   Dupuy. *Loc. cit.,* p. 403, tab. XX, f. 4.
—   —   Moquin-Tandon. *Loc. cit.*, p. 384, pl. XXVII, f. 29, 31.

Habitat. — Assez rare ; toujours localisé, vivant en petites colonies peu populeuses et assez dispersées; dans les endroits frais, humides, ombragés, recherchant les terrains pierreux ou sablonneux : les environs de Lyon, la vallée du Rhône, la côtière de Miribel, Montluel, Mollon, Priay ; le Bas-Bugey, Lagnieu, Blanaz; le pays de Gex, Fernex, Gex ; les environs de Coligny ; la Bresse, la vallée de la Saône aux environs de Mâcon, etc.

Variétés. — *Major,* Locard (1) ; assez rare : les environs de Lyon, la côtière de Miribel. — *Minor*, Moquin-Tandon ; assez rare : mêmes localités, les alluvions du Rhône. — *Pfeifferi*, Moq.-Tand. ; assez rare : la Bresse.

PUPA DOLIOLUM, Bruguière

Bulimus doliolum, Bruguière, 1792. *Encycl. meth.*, *Vers.*, II, p. 351.
Pupa doliolum, Dupuy. *Loc. cit.*, p. 404, tab. XV, f. 3.
—   —   Moquin-Tandon. *Loc. cit.*, p. 385, pl. XXVII, f. 32-34.

Habitat. — Assez rare ; paraît vivre dans les mêmes conditions que le *Pupa dolium*, quoique s'élevant parfois à une altitude un peu plus élevée, mais ne dépassant pas 7 à 800 mètres : la côtière de Miribel ; le Bas-Bugey ; la vallée de la Saône, à Saint-Laurent-d'Ain.

(1) Locard, 1880. *Études sur les var. malac.*, I, p. 265.

VARIÉTÉS. — *Major*, Locard ; rare : les environs de Miribel. — *Minor*, Loc. ; rare : le Bas-Bugey. — *Biplicata*, Loc. ; rare : les alluvions du Rhône, au nord de Lyon.

PUPA UMBILICATA, Draparnaud

Pupa umbilicata, Draparnaud, 1801. *Tabl. moll.*, p. 58 ; *Hist.*, p. 62, pl. III, f. 39-40.
  —   —   Dupuy. *Loc. cit.*, p. 410, tab. XX, f. 7.
  — *cylindracea*, Moquin-Tandon. *Loc. cit.*, p. 390, pl. XXVII, f. 42, 43 ; pl. XXVIII, f. 1-4.

HABITAT. — Peu commun ; dans la région basse des plaines et des vallées, s'élèvant rarement au-delà de 5 à 600 mètres ; dans les endroits frais, couverts, sablonneux, sous la mousse et les écorces des arbres : les environs de Lyon, dans la vallée du Rhône ; le Bugey, la montagne de Parves ; la Bresse, les environs de Pont-de-Veyle, l'Aumusse.

VARIÉTÉS. — *Edentula*, Moquin-Tandon ; assez rare : les alluvions du Rhône. — *Biplicata*, Bourguignat (1) ; rare : même habitat. — *Cornea*, Locard (2) ; plus fréquent : les environs de Lyon, le Bugey. — *Subrufa*, Loc. ; assez rare : le Bugey.

PUPA SEMPRONI, Charpentier

Pupa Semproni, Charpentier, 1837. *Catal. Moll. Suisse*, p. 15, pl. II, f. 4.
  —   —   Moquin-Tandon. *Loc. cit.*, p. 390 (var. *Sempronii*).

HABITAT. — Très rare ; dans les alluvions du Rhône, à Bellegarde.

OBSERVATIONS. — Cette forme, très-voisine de la précédente,

(1) Bourguignat, 1860. *Malacologie du Château-d'If*, p. 28.
(2) Locard, 1880. *Études sur les var. malac.*, I, p. 267.

est surtout caractérisée par sa taille plus petite, par sa dent
aperturale moins saillante, par son péristome moins blanc,
moins épais ; on en trouve plusieurs variétés en Savoie.

PUPA MUSCORUM, Linné

Turbo muscorum, Linné, 1758. *Systema naturæ*, édit. X, p. 767.
Pupa muscorum, Dupuy. *Loc. cit.*, p. 407, tab. XX, f. 10.
—   —   Moquin-Tandon. *Loc. cit.*, p. 392, pl. XXVIII, f. 5-15.

Habitat. — Commun ; vivant dans les endroits frais, humides, moussus, depuis la région des plaines basses et des vallées jusqu'à 700 et 800 mètres d'altitude, en colonies nombreuses et dispersées : presque partout ; très-commun dans les
alluvions des cours d'eau.

Variétés. — *Edentula*, Menke (1) ; assez commun : les
environs de Lyon, la Dombes, la Bresse, les alluvions du
Rhône. — *Rufula*, Locard (2) ; assez commun : dans les
mousses très-humides des endroits très-ombragés ; le Bugey.

PUPA BIGRANATA, Rossmässler

Pupa bigranata, Rossmässler, 1838. *Iconographie*, X, p. 27, f. 645.
—   —   Dupuy. *Loc. cit.*, p. 409, tab. XX, f. 9.
— *muscorum*, Moquin-Tandon. *Loc. cit.*, p. 393, pl. XXVIII, f. 15 (var. *bigranata*).

Habitat. — Assez rare ; paraît vivre dans les mêmes conditions que le *Pupa muscorum*, quoique plus ordinairement
dans des stations un peu moins élevées : les alluvions du Rhône
au nord de Lyon.

(1) Menke, 1830. *Synop. moll.*, var. *a*.
(2) Locard, 1880. *Études sur les var. malac.*, I, p. 273.

PUPA TRIPLICATA, Studer

Pupa triplicata, Studer, 1820. *Kurz. Verzeichn. Conch.*, p. 89.
   →   —   Dupuy. *Loc. cit.*, p. 409, tab. XX, f. 8.
   —   —   Moquin-Tandon. *Loc. cit.*, p. 395, pl. XXVIII, f. 16-19.

Habitat. — Assez rare ; paraît vivre dans les mêmes conditions que le *Pupa muscorum*, mais recherche cependant moins la fraîcheur ; on le trouve souvent, pendant la sécheresse, fixé sur les pierres un peu ombragées : les environs de Lyon, la vallée du Rhône, dans les alluvions du fleuve, la côtière de Miribel, la Dombes ; le Bas-Bugey, les environs de Belley, Culoz, etc.

Variétés. — *Biplicata*, Locard ; assez commun : dans les alluvions du Rhône au nord de Lyon.

Genre **VERTIGO**, Müller

VERTIGO MUSCORUM, Draparnaud

Pupa muscorum, Draparnaud, 1801. *Tab. moll.*, p. 56 (n. Linn., Müller).
   — *minutissima*, Dupuy. *Loc. cit.*, p. 424, tab. XX, f. 13.
Vertigo muscorum. Moquin-Tandon. *Loc. cit.*, p. 399, pl. XXVIII, f. 20-24.

Habitat. — Assez rare ; forme de petites colonies peu populeuses, logées sous les pierres ou dans la mousse fraîche : les alluvions du Rhône au nord de Lyon ; la Bresse ; les environs de Belley.

Observations. — Le *Vertigo muscorum*, comme la plupart des autres Vertigos, est plutôt difficile à trouver que réellement rare, par suite de sa petite taille ; presque tous les Vertigos doivent être recherchés sous les pierres, les feuilles, dans la mousse, auprès des marais et des étangs de la Bresse et de la Dombes ; on les retrouve également presque tous dans les alluvions des grands cours d'eau.

VERTIGO INORNATA, Michaud

Pupa inornata, Michaud, 1831. *Compl. hist. moll.*, p. 63, pl. XV, f. 31-32.
— — Dupuy. *Loc. cit.*, p. 423, tab. XX, f. 18.
Vertigo columella, Moquin-Tandon. *Loc. cit.*, p. 401 (var. *inornata*).

Habitat. — Très-rare ; rencontré à plusieurs reprises dans les alluvions du Rhône au nord de Lyon.

Observations. — Nous l'avons récolté une seule fois sur les bords du Rhône, à la Pape ; il y a tout lieu de croire que cet échantillon provenait du département de l'Ain.

VERTIGO MOULINSIANA, Dupuy

Pupa Moulinsiana, Dupuy, 1849. *Cat. extramar. test.* n° 284.
— — Dupuy. *Loc. cit.*, p. 415, tab. XX, f. 11.
Vertigo Moulinsiana, Moquin-Tandon. *Loc. cit.*, p. 403, pl. XXVIII, f. 31-33.

Habitat. — Rare : trouvé par Terver dans les prés marécageux de la Dombes ; rare aussi dans les alluvions du Rhône au nord de Lyon.

VERTIGO PYGMÆA, Draparnaud

Pupa pygmœa, Draparnaud, 1801. *Tab. moll.* p. 57 ; *Hist.*, p. 60, pl. III, f. 30-31.
— — Dupuy. *Loc. cit.*, p. 416, tab. XX, f. 12.
Vertigo pygmœa, Moquin-Tandon. *Loc. cit.*, p. 405, pl. XXVIII, f. 37-43 ; pl. XXIX, f. 1-3.

Habitat. — Assez commun ; en petites colonies peu nombreuses, peu dispersées, cachées sous les pierres, sous les haies et les buissons, ou dans la mousse au bord des chemins, remontant jusqu'à 700 à 800 mètres d'altitude ; commun dans les alluvions du Rhône : les environs de Lyon, la vallée du Rhône, la Dombes ; le pays de Gex, Fernex, Chevry ; prairies de Villeneuve-de-Domsure.

VARIÉTÉS. — *Quadriplicata*, Studer (1) ; assez rare : les environs de Lyon, les alluvions du Rhône au nord de Lyon. — *Sexplicata*, Locard (2) : les alluvions du Rhône au nord de Lyon.

VERTIGO SHUTTLEWORTHIANA, CHARPENTIER

Pupa Shuttleworthiana, CHARPENTIER. *In Shed ; in Pfeiffer*, 1847. *Zeitsch.*, p. 148.

HABITAT. — Très-rare : dans les alluvions du Rhône au nord de Lyon.

OBSERVATIONS. — Cette forme, signalée pour la première fois par de Charpentier à Bex, n'est qu'une var. *alpestris* de l'espèce précédente ; elle s'en distingue par sa taille un peu plus petite, par ses stries plus fortes, par sa couleur plus pâle ; son ouverture est ornée de quatre plis, un pli columellaire et deux plis palataux assez petits, le supérieur moins développé que l'autre. Elle peut, du reste, provenir aussi bien du département de l'Isère que du département de l'Ain.

VERTIGO ANTIVERTIGO, DRAPARNAUD

Pupa antivertigo, DRAPARNAUD, 1801. *Tabl. moll.*, p. 57 ; *Hist.*, p. 60, pl. III, f. 32-33.
—   —   DUPUY. *Loc. cit.*, p. 417, tab. XX, f. 15.
Vertigo antivertigo, MOQUIN-TANDON. *Loc. cit.*, p. 407, pl. XXIX, f. 4-7.

HABITAT. — Assez commun ; vit en petites colonies peu dis-

, (1) Studer, 1820. *Faunul Helvet.*, p. 432. *Vertigo quadridentata*.
(2) Locard, 1880. *Études sur les var. malac.*, I, p. 281.

persées, sous les herbes, sous la mousse, dans les prés humides ou marécageux ; assez commun dans les alluvions du Rhône : les environs de Lyon ; la Dombes ; la Bresse ; les bords du lac de Bard près Belley.

VARIÉTÉS. — *Novemplicata*, Locard (1) ; rare : les alluvions du Rhône au nord de Lyon. — *Cornea*, Loc. ; peu commun : les environs de Lyon, les bords des marais dans la Dombes.

VERTIGO PLICATA, A. MÜLLER

Vertigo plicata, A. MÜLLER, 1828. *Viegm. Arch.*, p. 210, pl. IV, f. 6.
Pupa Venetzii, DUPUY. *Loc. cit.*, p. 420, tab. XX, f. 14 ; tab. XXV, f. 2.
Vertigo plicata, MOQUIN-TANDON. *Loc. cit.*, p. 408, pl. XXIX, f. 8-11.

HABITAT. — Rare ; vit ordinairement en colonies peu nombreuses, peu dispersées, dans les prairies basses, humides, un peu marécageuses ; nous ne le connaissons encore que dans les alluvions du Rhône au nord de Lyon.

OBSERVATIONS. — Pareille forme doit très-probablement faire partie de la faune de la Dombes, ou même des prairies qui avoisinent les lacs et les étangs du Bas-Bugey ; la position des alluvions où nous l'avons récoltée nous donne toute certitude pour affirmer sa présence dans le département de l'Ain.

VERTIGO PUSILLA, MÜLLER

Vertigo pusilla, MÜLLER, 1774. *Verm. terr. et fluv. hist.*, II, p. 124.
Pupa pusilla, DUPUY. *Loc. cit.*, p. 419, tab. XX, f. 16.
Vertigo pusilla, MOQUIN-TANDON. *Loc. cit.*, p. 100, pl. XXIX, f. 12-14.

HABITAT. — Rare : signalé par M. Charpy dans les prairies

(1) Locard, 1880. *Études sur les var. malac.*, I, p. 284.

de Villeneuve-de-Domsure, près Saint-Amour ; nous l'avons également retrouvé assez fréquemment dans les alluvions du Rhône au nord de Lyon.

OBSERVATIONS. — En général, cette forme paraît moins rechercher l'humidité que la précédente ; dans la partie centrale du bassin du Rhône elle vit en petites colonies, sous les pierres, dans les endroits frais, toujours à de basses altitudes.

AURICULIDÆ

Genre **CARYCHIUM**, Müller

CARYCHIUM MINIMUM, Müller

Carychium minimum, MÜLLER, 1774. *Verm. terr. et fluv. hist.*, II. p. 125.
    —   —   BOURGUIGNAT, 1857. *Aménités malac.*, II, p. 41, pl. X, f. 15-16.

HABITAT. — Peu commun ; difficile à récolter à cause de sa petite taille ; nous ne le connaissons encore que dans les alluvions : alluvions du Rhône au nord de Lyon ; alluvions du Lion à Fernex ; alluvions des prairies dans le pays de Gex à Chevry ; récolté vivant à Salavre près de Coligny par M. Charpy.

CARYCHIUM TRIDENTATUM, Risso

Saraphia tridentata, RISSO, 1826. *Hist. nat. eur. merid.*, IV, p. 84.
Carychium tridentatum, BOURGUIGNAT, 1857. *Aménités malac.*, II, p. 45, pl. XV, f. 12-13.

HABITAT. — Rare : nous ne le connaissons encore que dans les alluvions du Rhône au nord de Lyon, où il paraît assez commun, et dans les alluvions des prairies dans le pays de Gex, à Chevry.

OBSERVATIONS. — Ces deux formes souvent confondues sont cependant faciles à distinguer. On reconnaîtra le *Carychium tridentatum* à sa spire plus allongée, à la présence d'un sixième tour de spire, à la forme du deuxième tour toujours plus petit et plus dilaté, à sa surface lisse et non striée comme celle du *Carychium minimum*.

PULMONOBRANCHIATA

LIMNÆIDÆ

Genre **PLANORBIS**, Guettard

PLANORBIS NITIDUS, MÜLLER

Planorbis nitidus, MÜLLER, 1774. *Verm. terr. et fluv. hist.*, II, p. 163 in. Grayi.
— — DUPUY. *Loc. cit.*, p. 448, tab. XXI, f. 14.
— — MOQUIN-TANDON. *Loc. cit.*, p. 424, pl. XXX, f. 5-9.

HABITAT. — Rare ; vit dans les sources et les fontaines aux eaux fraîches et limpides, attaché sur les feuilles et les bois morts, en petites colonies peu nombreuses : les environs de Lyon, les flancs du plateau de la Dombes ; les alluvions du Rhône.

PLANORBIS FONTANUS, Lightfoot

Helix fontana, Lightfoot, 1786. *Phil. trans.*, LXXVI, I, p. 165, pl. II, . 1.
Planorbis fontanus, Dupuy. *Loc. cit.*, p. 417, tab. XXI, f. 15.
—   —   Moquin-Tandon. *Loc. cit.*, p. 426, pl. XXX, f. 10-17.

HABITAT. — Assez rare ; dans les sources ou fontaines aux eaux fraîches et limpides, sur les plantes aquatiques, toujours à de basses altitudes, en colonies peu populeuses : les environs de Lyon ; la Dombes ; le Bas-Bugey ; les environs de Belley, Magneu ; les alluvions du Rhône au nord de Lyon.

PLANORBIS COMPLANATUS, Linné

Helix complanata, Linné, 1758. *Systema naturæ*, édit. X, I, p. 769 (n. Mont.).
Planorbis complanatus, Dupuy. *Loc. cit.*, p. 445, tab. XXI, f. 5.
—   —   Moquin-Tandon. *Loc. cit.*, p. 428, pl. XXX, f. 18-28.

HABITAT. — Très-commun ; dans les eaux stagnantes, les fossés, les mares, marais, lacs et étangs, en colonies nombreuses mais toujours à une altitude inférieure à 500 mètres : presque partout ; la Dombes, le Bugey, la Bresse, etc.

PLANORBIS SUBMARGINATUS, Cristofori et Jan

Planorbis submarginatus, Cristofori et Jan, 1872. *Catal.*, XX, nᵒˢ 9, 12.
—   —   Dupuy. *Loc. cit.*, p. 446, tab. XXV, f. 7.
—   *complanatus*, Moquin-Tandon. *Loc. cit.*, p. 428, (var. *submarginatus*).

HABITAT. — Commun ; dans les eaux stagnantes, les fossés, les mares, marais, lacs ou étangs, en colonies moins nombreuses que l'espèce précédente : presque partout ; la Dombes, le Bugey, la Bresse, le pays de Gex ; les environs de Coligny, etc.

PLANORBIS CARINATUS, Müller

Planorbis carinatus, Müller, 1774. *Verm. terr. et fluv. hist.,* II, p. 175 (n. Studer).
   —   —   Dupuy. *Loc. cit.,* p. 444, tab. XXI. f. 7.
   —   —   Moquin-Tandon. *Loc. cit.,* p. 431, pl. XXX, f. 29-33.

HABITAT. — Assez commun ; dans les mares, marais, lacs et étangs, en général dans les eaux plus claires et plus limpides que les deux formes précédentes ; souvent à une altitude un peu plus élevée ; les environs de Lyon, la Dombes ; le Bas-Bugey, les environs de Belley ; le pays de Gex ; la Bresse, etc.

OBSERVATIONS. — Les trois formes que nous venons de citer, *Planorbis complanatus, Pl. submarginatus* et *Pl. carinatus* quoique constituant des colonies bien distinctes, peuvent malgré cela se trouver dans les mêmes eaux ; cependant on trouve plus rarement ensemble la première et la dernière. Quant aux variétés qu'elles peuvent présenter, elles reposent uniquement sur des différences de taille ou de coloration dues à l'influence des milieux dans lesquels elles vivent. Nos plus beaux échantillons proviennent des lacs et étangs des environs de Belley : *Planorbis carinatus,* du lac de Bard ; *Pl. complanatus* des marais de Brognin.

PLANORBIS VORTEX, Linné

Helix vortex, Linné, 1758. *Systema naturæ,* édit. X, I, p. 772.
Planorbis vortex, Dupuy. *Loc. cit.,* p. 442, tab. XXI, f. 10.
   —   —   Moquin-Tandon. *Loc. cit.,* p. 433, pl. XXX, f. 34-37.

HABITAT. — Assez commun ; dans les mares, marais, lacs ou étangs à fonds calcaires peu vaseux, dans les ruisseaux peu rapides, souvent cachés sous les lentilles d'eau et les plantes aquatiques : les environs de Lyon, la Dombes, la côtière de Miribel ; le Bas-Bugey, les environs de Belley, d'Ambérieux ; le pays de Gex ; la Bresse, les environs de Bourg, de Pont-de-Veyle, de Trévoux, etc.

PLANORBIS ROTUNDATUS, POIRET

Planorbis rotundatus, POIRET, 1801. *Coq. de l'Aisne, Prodr.*, p. 93 (n. Al. Brong).
— *leucostoma*, DUPUY. *Loc. cit.*, p. 439, tab. XXI, f. 11.
— *rotundatus*, MOQUIN-TANDON. *Loc. cit.*, p. 435, pl. XXX, f. 38-46.

HABITAT. — Peu commun ; dans les marais et les étangs aux eaux claires et à fonds peu vaseux, dans les petits ruisseaux et les eaux peu courantes : les environs de Lyon, la Dombes ; le Bas-Bugey, les environs de Belley ; Oyonnax ; Nantua ; Villeneuve-de-Domsure ; la Bresse, les environs de Bourg, Pont-de-Veyle, Trévoux, etc.

PLANORBIS SPIRORBIS, LINNÉ

Helix spirorbis, LINNÉ, 1758. *Systema naturæ*, édit. X, I, p. 770.
Planorbis spirorbis, DUPUY. *Loc. cit.*, p. 438, tab. XXI, f. 9.
— — MOQUIN-TANDON. *Loc. cit.*, p. 437, pl. XXXI, f. 1-5.

HABITAT. — Assez rare ; dans les marais et les étangs aux eaux claires et limpides, dans les ruisseaux aux eaux un peu courantes : les environs de Lyon, la Dombes ; les ruisseaux et les marais des environs de Belley, Billieu, Brognin, etc.

PLANORBIS CRISTATUS, LINNÉ

Nautilus crista, LINNÉ, 1758. *Systema naturæ*, édit. X, I, p. 799.
Planorbis nautileus, DUPUY. *Loc. cit.*, p. 435, tab. XXI, f. 12.
— — MOQUIN-TANDON. *Loc. cit.*, p. 438, pl. XXXI, f. 9, 10 (v. *crista*).

HABITAT. — Rare ; dans les fossés et les marais, dans les eaux même croupissantes des régions basses ou peu élevées : les environs de Lyon, la Dombes.

PLANORBIS IMBRICATUS, MÜLLER

Planorbis imbricatus, MÜLLER, 1774. *Verm. terr. et fluv. hist.*, II, p. 165.
— *nautileus*, DUPUY. *Loc. cit.*, p. 435, tab. XXI, f. 13.
— — MOQUIN-TANDON. *Loc. cit.*, p. 438, pl. XXXI, f. 11 (v. *imbricatus*).

HABITAT. — Rare ; vit dans les mêmes conditions que la forme précédente, mais pas avec elle : les environs de Lyon, la Dombes.

OBSERVATIONS. — Ces deux formes voisines seront toujours faciles à distinguer : le *Planorbis cristatus* est ordinairement de taille plus petite, ses lamelles épidermiques sont plus élevées et plus distantes les unes des autres ; enfin les denticulations carénales sont plus aiguës et plus saillantes que celles du *Planorbis imbricatus*.

PLANORBIS CONTORTUS, LINNÉ

Helix contorta, LINNÉ, 1758. *Systema naturæ*, édit. X, I, p. 770.
Planorbis contortus, DUPUY. *Loc. cit.*, p. 433, tab. XXI, f. 2.
— — MOQUIN-TANDON. *Loc. cit.*, p. 443, pl. XXXI, f. 24-31.

HABITAT. — Peu commun ; dans les eaux claires et limpides des ruisseaux peu rapides, attaché sur les plantes aquatiques ; quelquefois dans les marais et les étangs, près de l'embouchure des petits ruisseaux : les environs de Lyon, la Dombes ; le Bas-Bugey, les environs de Belley ; les ruisselets de la Bresse.

PLANORBIS ALBUS, Müller

Planorbis albus, Müller, 1774. *Verm. terr. et fluv. hist.*, II, p. 165.
  —   — Dupuy. *Loc. cit.*, p. 435, tab. XXI, f. 4.
  —   — Moquin-Tandon. *Loc. cit.*, p. 440, pl. XXXI, f. 12-19.

Habitat. — Assez commun ; en colonies assez nombreuses, souvent très-dispersées, dans les fossés, les mares et les étangs, sur les plantes aquatiques, dans les eaux tranquilles : les environs de Lyon, la Dombes ; le Bas-Bugey, les environs de Belley ; la Bresse, etc.

Observations. — Chez ce Planorbe, la taille varie notablement suivant les colonies ; les plus beaux échantillons proviennent des environs de Lyon ; on trouve aussi parfois dans quelques colonies des traces plus ou moins apparentes d'une carène, dernier vestige de l'un des principaux caractères du *Planorbis Arcelini*, forme éteinte aujourd'hui, mais qui vivait dans la vallée de la Saône à l'époque quaternaire.

PLANORBIS CROSSEANUS, Bourguignat

Planorbis Crosseanus, Bourguignat, 1862. *Malac. du lac des Quatre-Cantons.* p. 44, pl. I, f. 21-23

Habitat. — Rare ; nous a été signalé par M. Charpy, dans les fossés et les marais de la Bresse.

Observations. — Cette forme, voisine de la précédente, se distingue par son test plus robuste, son ouverture moins oblique, presque ronde et non oblongue, par ses tours de spire à croissance régulière et proportionnelle, par son dernier tour arrondi, non comprimé et non dilaté vers l'ouverture.

PLANORBIS CORNEUS, Linné

Helix cornea, Linné, 1758. *Systema naturæ*, édit. X, I, p. 774.
Planorbis corneus, Dupuy. *Loc. cit.*, p. 431, tab. XXI, f. 6.
   —   —   Moquin-Tandon. *Loc. cit.,* p. 445, pl. XXXI, f. 32-38.

Habitat. — Assez commun ; dans les losnes, les mares, les marais, les étangs et les lacs, de préférence dans les eaux tranquilles, mais facilement renouvelées, en colonies populeuses, assez dispersées : les environs de Lyon, la Dombes, la vallée du Rhône, au nord de Lyon, le bas de la côtière de Miribel ; le Bas-Bugey, les environs de Belley ; la Bresse ; la vallée de la Saône, etc.

Genre **PHYSA**, Draparnaud

PHYSA FONTINALIS, Linné

Bulla fontinalis, Linné, 1758. *Systema naturæ*, édit. X, I, p. 727.
Physa fontinalis, Dupuy. *Loc. cit.*, p. 453, tab. XXII, f. 1.
   —   —   Moquin-Tandon. *Loc. cit.*, p. 451, pl. XXXII, f. 9-13.

Habitat. — Peu commun ; dans les ruisseaux aux eaux claires et limpides, dans les lacs, marais ou étangs, près de l'embouchure des ruisseaux, en colonies assez nombreuses, mais peu dispersées : les environs de Lyon, la Dombes ; le Bas-Bugey, les environs de Belley, les marais de Chazey ; la Bresse.

Variétés. — *Minor*, Moquin-Tandon ; assez rare : le Bugey, les environs de Belley.

PHYSA ACUTA, Draparnaud

Physa acuta, Draparnaud, 1805. *Hist. moll.*, p. 55, pl. III, f. 10-11.
—   —   Dupuy. *Loc. cit.*, p. 455, tab. XXII, f. 3.
—   —   Moquin-Tandon. *Loc. cit.*, p. 452, pl. XXXII, f. 4-23; pl. XXXIII, f. 1-10.

Habitat. — Assez commun ; en colonies nombreuses, dans les mares, marais, fossés, lacs ou étangs, dans les ruisseaux, recherchant les eaux claires, limpides et tranquilles à fonds vaseux : les environs de Lyon, la vallée du Rhône, la Dombes ; le Bugey, les environs de Belley ; la Bresse ; la vallée de la Saône, Pont-de-Veyle, Trévoux ; etc.

Variétés. — *Subacuta*, Moquin-Tandon ; assez rare : les environs de Belley, marais de Brognin. — *Subopaca*, Lamarck (1) ; rare : les environs de Lyon, dans la vallée du Rhône, les alluvions du Rhône, au nord de Lyon.

PHYSA HYPNORUM, Linné

Bulla hypnorum, Linné, 1758. *Systema naturæ*, édit. X, I, p. 727.
Physa hypnorum, Dupuy. *Loc. cit.*, p. 457, tab. XXII, f. 15.
—   —   Moquin-Tandon. *Loc. cit.*, p. 455, pl. XXXIII, f. 11-15.

Habitat. — Peu commun ; presque toujours localisé, en colonies assez nombreuses, mais peu dispersées, vivant sur le bord des eaux ou dans la mousse fraîche, pouvant s'élever à une altitude de 500 à 600 mètres : les environs de Lyon, la Dombes ; le Bugey, les environs de Belley ; la Bresse, les environs de Pont-de-Veyle, les fossés du parc du château de l'Aumusse, etc.

Variétés. — *Major*, Moquin-Tandon ; assez rare : les envi-

(1) Lamarck, 1822. *Anim. sans vert.*, VI, II, p. 157. *Physa subopaca*.

rons de Belley ; grands et beaux échantillons mesurant jusqu'à
15 millimètres de hauteur. — *Intermedia*, Locard (1) ; rare :
les environs de Lyon, la Dombes. — *Rufula,* Loc.; assez commun : presque partout.

Genre **LIMNÆA**, Bruguière

LIMNÆA AURICULARIA, Linné

Helix auricularia, Linné, 1758. *Systema naturæ*, édit. X, I, p. 774.
Limnæa auricularia, Dupuy. *Loc. cit.,* p. 480, tab. XXII, f. 78.
    —   —   Moquin-Tandon. *Loc. cit.,* p. 462, pl. XXIII, f. 21-31 ; pl. XXXIV, f. 1, 3-10.

Habitat. — Très-commun ; de préférence dans les étangs,
les mares, les lacs à fonds peu vaseux, dans les parties peu profondes, au milieu des plantes aquatiques, ou rampant sur le
fond : presque partout.

Variétés. — *Minor* , Moquin-Tandon ; assez commun :
presque partout. — *Acronica*, Studer (2); assez commun : les
environs de Lyon ; le Bugey, les environs de Belley ; lac de
Silan. — *Ampla*, Hartmann (3) ; assez rare : les environs de
Belley, lac Bertrand, le marais du Loup.—*Hartmanni*, Studer ;
peu commun : les environs de Lyon, dans la vallée du Rhône,
Miribel ; les environs de Belley ; la Bresse ; lac Silan, lac de
Nantua ; la vallée de la Saône, Saint-Laurent-d'Ain. — *Monnardi*, Hart.; peu commun : Saint-Laurent-d'Ain.— *Collisa*,
Moq.-Tand.; assez rare : les environs de Pont-de-Veyle, l'Au-
musse.

Observations. — Quelques auteurs, notamment M. S. Cles-

(1) Locard, 1880. *Études sur les var. malac.*, I, p. 317.
(2) Studer, 1820. *Kurz. Verzeichn.*, p. 93. *Limnæus acronicus.*
(3) Hartmann, 1842. *Gasterop.*, p. 69, pl. v, *Gulnaria ampla.*

sin (1), admettent aujourd'hui au rang d'espèce le *Limnæa am-pla* d'Hartmann, et considèrent alors comme variétés de cette espèce nos var. *Monnardi* et *Hartmanni*.

LIMNÆA CANALIS, Villa

Limnæa canalis, Villa, 1847. *In Dupuy, Hist. moll.*, p. 482, pl. XXII, f. 12.
— *auricularia*, Moquin-Tandon. *Loc. cit.*, p. 463, pl. XXXIV, f. 2 (var. *canalis*).

HABITAT. — Assez commun ; paraît vivre dans les mêmes conditions que la forme précédente, presque toujours localisé, souvent même associé avec elle : les environs de Lyon, la Dombes, la vallée du Rhône, les environs de Miribel ; le Bas-Bugey, les environs de Belley, lac de Bard, beaux échantillons ; lac de Silan, lac de Nantua ; Volognat, la Bresse ; etc.

OBSERVATIONS. — Cette forme a tour à tour été considérée comme espèce et comme variété. Pour Moquin-Tandon, c'est une variété du *Limnæa auricularia* ; pour M. S. Clessin, c'est une variété du *Limnæa ampla*. Nous nous rangeons volontiers à l'avis de M. l'abbé Dupuy qui l'admet au rang d'espèce, en nous basant sur les caractères précis et constants de la coquille, et sur la coloration de l'animal, coloration toujours plus foncée et beaucoup moins maculée que celle des différentes variétés du *Limnæa auricularia*.

LIMNÆA LIMOSA, Linné

Helix limosa, Linné, 1758. *Systema naturæ*, édit. X, I, p. 774 (n. Morl., n. Dilled.) tab. XXV, f. 8.
Limnæa ovalis, Dupuy. *Loc. cit.*, p. 475, tab. XXII, f. 11-13 ; tab. XXIII, f. 1-3.
— *limosa*, Moquin-Tandon. *Loc. cit.*, p. 465, pl. XXXIV, f. 11-12.

(1) S. Clessin, 1877. *Deutsche Excursions Mollusken Fauna*, p. 363.

HABITAT. — Commun; dans les sources, les mares, les fossés, les fontaines, les ruisseaux, etc.; en général dans les petites pièces d'eau au cours peu agité et à fond vaseux : presque partout.

VARIÉTÉS. — *Vulgaris*, Pfeiffer (1); assez rare : les environs de Lyon, la Dombes.— *Minor*, Locard (2); assez rare : les environs de Lyon, la Dombes, les environs de Bourg, lac de Villars. — *Elata*, Baudon (3) ; rare : les environs de Lyon, l'extrémité sud de la Dombes.— *Opaca*, Loc.; assez rare : les environs de Mâcon et de Bourg. — *Major*, Baudon; peu commun : lac de Bard, près Belley. — *Fontinalis*, Studer (4); commun : presque partout, dans les petites pièces d'eau peu courante.

LIMNÆA PEREGRA, Müller

Buccinum peregrum, MÜLLER, 1774. Verm. terr. et fluv. hist., II, p. 130.
Limnæa peregra, DUPUY. Loc. cit., p. 472, tab. XXIII, f. 6.
— — MOQUIN-TANDON. Loc. cit., p. 468, pl. XXXIV, f. 13-16.

HABITAT. — Assez commun ; dans les ruisseaux, les fossés, les mares, les marais, mais plus volontiers dans les eaux un peu claires et courantes; s'élevant même au-delà de 500 à 600 mètres d'altitude : presque partout, surtout dans la Dombes, le Bas-Bugey et la Bresse.

VARIÉTÉS. — *Consobrina*, Ziegler ; assez rare : les environs de Lyon, la Dombes, la Bresse. — *Solemia*, Ziegler ; rare : la vallée de la Saône, l'extrémité du plateau Bressan. — *Opaca*,

(1) Pfeiffer, 1821. *Deutsch. moll.*, I, p. 89, pl. IV, f. 22. *Limnæus vulgaris.*
(2) Locard, 1880. *Études sur les var. malac.*, I, p. 323.
(3) Baudon, 1862. *Nouv. Catal. moll. Oise*, p. 34.
(4) Studer, 1820. *Kurzes verzeichn.*, p. 93 (n. Sow., n. Flem.). *Limnæus fontinalis.*

8

Ziegler; peu commun: les environs de Lyon, la Dombes; le Bas-Bugey, Lagnieu. — *Marginata,* Michaud (1); assez rare: la Bresse, Bagé-le-Châtel.

LIMNÆA INTERMEDIA, Ferussac

Limnæa intermedia, Ferussac, 1833. *In Lamarck, Anim. s. vert.*, VI, II, p. 162.
— *intermedia*, Dupuy. *Loc. cit.*, p. 480, tab. XXIII, f. 4.
— *limosa*, Moquin-Tandon. *Loc. cit.*, p. 465 (var. *intermedia*).

Habitat. — Peu commun ; dans les mares et les marais, dans les mêmes conditions d'habitat que le *Limnæa canalis :* les environs de Belley, les lacs Chaillou et Bertrand.

Observations. — Les échantillons du département de l'Ain ne sont pas aussi typiques que ceux des environs de Lyon ; ils constituent une var. *inflata* (2) et se rapprochent davantage de la figuration de l'atlas de M. l'abbé Dupuy, tandis que le vrai type est de taille plus grande avec la spire plus allongée et le dernier tour moins renflé.

LIMNÆA TRUNCATULA, Müller

Buccinum truncatulum, Müller, 1774. *Verm. terr. et fluv. hist.*, II, p. 130.
Limnæa minuta, Dupuy. *Loc. cit.*, p. 469, tab. XXIV, f. 1.
— *truncatula.* Moquin-Tandon. *Loc. cit.*, p. 473, pl. XXXIV. f. 21-24.

Habitat. — Assez commun ; dans les sources, les ruisseaux, les fossés, en général dans les eaux claires et limpides, s'élevant même au-delà de 1,000 mètres d'altitude, en colonies assez nombreuses presque toujours très-dispersées : les environs de

(1) Michaud, 1831. *Compl. Hist. moll.*, p. 88, pl. xvi, f. 15-16. *Limnea marginata.*
(2) Locard, 1880. *Études sur les var. malac.*, I, p. 331.

Lyon, la Dombes, les alluvions du Rhône ; le Bas-Bugey, Ambérieux, Blanaz, les environs de Belley ; la Bresse, les environs de Bourg, de Pont-de-Veyle, les alluvions de la Saône.

VARIÉTÉS. — *Major*, Moquin-Tandon ; assez commun : les environs de Lyon, Tramoye, les alluvions du Rhône.— *Minor*, Moq.-Tand.; assez commun : presque partout. — *Oblonga*, Puton (1); assez rare : la vallée de la Saône, la Bresse, les environs de Mâcon. — *Microstoma*, Drouët (2); assez rare : les environs de Lyon, les alluvions du Rhône. — *Malleata*, Locard (3); assez rare : les alluvions du Rhône au nord de Lyon.

LIMNÆA CORVUS, GMELIN

Helix corvus, GMELIN, 1788. *Systema naturæ*, édit. XIII, p, 3665.
Limnæa corvus, DUPUY, 1849. *Catal. extramar. Gall. Test.*, n° 195.
— *palustris*, MOQUIN-TANDON. *Loc. cit.*, p. 475, pl. XXXIV, f. 29.

HABITAT.— Assez commun ; dans les marais, lacs et étangs, ne craignant pas les eaux bourbeuses, en colonies riches et peu dispersées, sans dépasser une altitude supérieure à 400 mètres: les environs de Lyon, la vallée du Rhône, Miribel ; le Bas-Bugey, les environs de Belley, lac de Bard, lac Bertrand, marais du Loup, etc.

VARIÉTÉS. — *Major*, Locard (4); peu commun : Miribel, le lac de Bard près Belley ; c'est de cette station que proviennent nos plus beaux types qui atteignent jusqu'à 45 millimètres de hauteur totale. — *Elongata*, Requien (5); rare : les

(1) Puton, 1849. *Moll. Vosges.* p. 60, *Limnæa oblonga* ; S. Clessin, 1879 : in *Malak. Blätter*, p. 29, pl. 11, f. 2.
(2) H. Drouët, 1862. *In Baudon. Moll. Oise.* p. 14 : S. Clessin. *Loc. cit.*, p. 29, pl. 11, f. 3.
(3) Locard, 1880. *Études sur les var. malac.*, I, p. 334.
(4) Locard, 1880. *Loc. cit.*, I, p. 335.
(5) Requien. 1858, *Mollusques de Corse*, p. 50.

environs de Lyon, dans la vallée du Rhône. — *Inflata*, Loc.;
assez rare : les environs de Belley. — *Malleata*, nob.; coquille
de taille assez forte, d'un galbe allongé, à spire un peu élancée,
avec le test couvert de malléations plus ou moins régulièrement
disposées en spirale; peu commun : les bords du Rhône, dans
les délaissés, à Miribel.

LIMNÆA PALUSTRIS, Müller

Buccinum palustre, MÜLLER, 1774. *Verm. terr. et fluv. hist.*, II, p. 131.
Limnæa palustris, DUPUY. *Loc. cit.*, p. 465, tab. XXII, f. 7.
     —   —   MOQUIN-TANDON. *Loc. cit.*, p. 475, pl. XXXIV, f. 25-35 (n. fig. 29).

HABITAT. — Peu commun; dans les ruisseaux, les marais,
les lacs et les étangs, en général dans les eaux claires, parfois un
peu profondes, en colonies peu nombreuses, peu dispersées, à
une altitude inférieure à 450 mètres : les environs de Lyon, la
Dombes, la vallée du Rhône; Miribel; le Bas-Bugey, Lagnieu,
Ambérieux, les environs de Belley; la Bresse; la vallée de la
Saône, Pont-de-Veyle, Saint-Laurent-d'Ain, Trévoux; etc.

VARIÉTÉS. — *Elongata*, Locard (1); assez rare : les envi-
rons de Lyon, dans la vallée du Rhône; Saint-Laurent-d'Ain.
— *Minor*, Loc.; rare : les environs de Belley, lac de Chazey.
— *Malleata*, Loc.; assez commun : les environs de Lyon, la
Dombes, la Bresse, la vallée de la Saône.

LIMNÆA STAGNALIS, Linné

Helix stagnalis, LINNÉ, 1758. *Systema naturæ*, édit. X, I, p. 774.
Limnæa stagnalis, DUPUY. *Loc. cit.*, p. 467 (pars).
     —   —   MOQUIN-TANDON. *Loc. cit.*, p. 471 (pars).

(1) Locard, 1880. *Études sur les var. malac.*, I, p. 336.

Habitat. — Assez commun ; dans les mares, les lacs ou les étangs, en général dans les eaux stagnantes peu profondes, mais ordinairement à fond un peu vaseux, en colonies nombreuses, peu dispersées : les environs de Lyon, la Dombes ; le Bugey, les environs de Belley ; la Bresse, les lacs des environs de Nantua ; etc.

Variétés.— *Major*, Moquin-Tandon ; assez rare : lac Chaillou, marais du Loup, marais du Bac, etc., près Belley ; dans cette dernière station, la coquille de certains individus atteint jusqu'à 65 millimètres de hauteur totale. — *Minor*, Loc. (1); assez commun : presque partout, surtout dans les étangs cultivés. — *Subnigra*, Loc.; assez rare : Lagnieu. — *Malleata*, Loc.; assez commun : les environs de Lyon ; les environs de Belley, le lac de Bard. — *Opaca,* Loc.; assez rare : les losnes du Rhône à Miribel. — *Ampliata*, S. Clessin (2) ; assez rare : marais du Loup, près Belley.

LIMNÆA ELOPHILA, Bourguignat

Limnæa elophila, Bourguignat, 1862. *Les Spicilèges malacologiques*, p. 97, pl. XII, f. 7-8.

Habitat. — Assez commun ; dans les marais et les étangs à fond vaseux, aux eaux peu profondes, en colonies assez nombreuses souvent dispersées : les environs de Lyon, la Dombes, la Bresse.

Variétés. — Dans un autre travail (3) nous avons fait figurer une curieuse anomalie trouvée par M. Tournouër, à Bourg, dans une mare près de l'église ; dans cet échantillon, le dernier

(1) Locard, 1880. *Études sur les var. malac.*, p. 34.
(2) S. Clessin, 1877. *Deutsche Excursions Mollusken Fauna*, p. 355, f. 199.
(3) Locard. *Loc. cit.*, pl. III, f. 23.

tour est exactement caréné ; la carène est marquée par une ligne tranchante qui limite la séparation des deux surfaces courbes de la partie supérieure du dernier tour.

OBSERVATIONS. — Cette forme se distinguera facilement de la précédente par son galbe plus trapu, moins allongé, par sa columelle droite, descendant jusqu'à la base de l'ouverture, non tordue et non infléchie, par ses tours de spire moins arrondis, plus carrés surtout dans la partie avoisinant l'ouverture. Nous avons reçu de bons types de cette forme des marais de la Dombes, notamment de Villars. Il est à remarquer que le *Limnæa stagnalis* semble dominer dans le Bugey et dans les environs de Nantua, tandis que dans toute la Dombes et la Bresse, c'est, au contraire, le *Limnæa elophila* qui domine.

LIMNÆA RAPHIDIA, BOURGUIGNAT

Limnæa raphidia, BOURGUIGNAT, 1860. *Aménités malac.*, II, p. 184, pl. XVII, f. 6-8.

HABITAT. — Très-rare ; récolté une seule fois dans les eaux du lac de Silan, avec des *Limnæa stagnalis* de forme très-allongée.

OBSERVATIONS. — On distinguera le *Limnæa raphidia* du *L. stagnalis* par sa spire plus lancéolée, plus allongée, excessivement tordue, par son test moins ventru, sa columelle moins torse, et surtout par son dernier tour qui descend fortement vers l'ouverture.

ANCYLIDÆ

Genre ANCYLUS, Geoffroy

ANCYLUS SIMPLEX, Buc 'Hoz

Lepas simplex, Buc'hoz, 1771. *Aldrov. Lotharingiæ*, p. 236, n° 1130.
Ancylus fluviatilis, Moquin-Tandon. *Loc. cit.*, p. 484, pl. XXXVI, f. 8 (v. *simplex*).

Habitat. — Peu commun ; dans les ruisseaux et les petits cours d'eau, attaché aux pierres sur le bord des rives : le Bugey, l'Albarine à Saint-Rambert ; le Furand et les alluvions du marais de Chazey aux environs de Belley.

Variétés. — *Striatus* (1) : rare ; les alluvions du marais de Chazey. — *Fluviatilis*, Klein (2) ; assez rare : l'Albarine à Tenay et à Saint-Rambert.

ANCYLUS RIPARIUS, Desmarest

Ancylus riparius, Desmarest, 1814. *Note Ancyles, Bull. soc. phil.*, p. 19, pl. I, f. 2.
   — *fluviatilis*, Moquin-Tandon. *Loc. cit.*, p. 484 (v. *riparius*).

Habitat. — Assez rare ; attaché aux pierres sur les bords des rives, dans les eaux de la Saône au nord de Lyon, et dans la rivière d'Ain, notamment à Mollon et à Pont-d'Ain.

Observations. — Les échantillons de l'*Ancylus riparius* sont

(1) Porro, 1846. *Moll. terr. fluv. mus. Mediol.*, p. 22.
(2) Klein, 1753. *Tentam. meth. ostrac.*, p. 118. *Calyptræa patella fluviatilis*.

parfaitement typiques dans toute notre région ; rappelons que le type y avait été récolté par Faure-Biguet et Sionest aux environs de Lyon et qu'on le retrouve jusque dans les Vosges.

ANCYLUS CAPULOIDES, Jan

Ancylus capuloides, Jan, 1838. *In Porro, Malac. prov. Comasca,* p. 87, t. I, f. 7.
    —   —   Dupuy. *Loc. cit.,* p. 492, tab. XXVI, f. 2.
    —   *fluviatilis,* Moquin-Tandon. *Loc. cit.,* p. 484, pl. XXXVI, f. 17.

Habitat. — Peu commun ; dans les lacs, les étangs, les ruisseaux à faible courant, en colonies peu populeuses, assez dispersées : les losnes du Rhône à Miribel ; le Bugey, les environs de Belley, Billieu, Chazey.

ANCYLUS LACUSTRIS, Linné

Patella lacustris, Linné, 1758. *Systema naturæ,* édit. X, I, p. 783 (n. Donov.).
Ancylus lacustris, Dupuy. *Loc. cit.,* p. 497, tab. XXVI, f. 7.
    —   —   Moquin-Tandon. *Loc. cit.,* p. 488, pl. XXXVI, f. 50-55.

Habitat. — Peu commun ; vivant en colonies peu nombreuses, peu dispersées, dans les mares, marais, lacs ou étangs, aux eaux calmes et tranquilles : le Bugey, les environs de Belley, marais de Chazey ; la Bresse, les fossés du château de l'Aumusse, près Pont-de-Veyle.

Variétés. — *Minor*, Locard (1) ; assez rare : le marais de Chazey.

(1) Locard, 1880. *Études sur les var. malac.,* I, p. 352.

GASTEROPODA OPERCULATA

PULMONACEA

CYCLOSTOMIDÆ

Genre CYCLOSTOMA, Draparnaud

CYCLOSTOMA ELEGANS, Müller

Nerita elegans, MÜLLER, 1774. *Verm. terr. et fluv. hist.*, II, p. 177.
Cyclostoma elegans, DUPUY. *Loc. cit.*, p. 504, tab. XXVI, f. 8.
—   —   MOQUIN-TANDON. *Loc. cit.*, p. 496, pl. XXXVII, f. 3-28.

HABITAT. — Commun : dans toute la région basse des plaines et des vallées, jusqu'à 500 mètres d'altitude, dans les endroits frais et humides, sous les haies, les taillis, dans les bois, en colonies très-populeuses, assez dispersées, devenant plus rare à une altitude supérieure : presque partout.

VARIÉTÉS. — *Fasciatum*, Picard (1); commun : presque partout. — *Maculosum* , Moquin-Tandon; assez commun : presque partout. — *Pallidum,* Moq.-Tand.; assez commun : les environs de Lyon, les vallées du Rhône et de la Saône, la Dombes, la Bresse. — *Violaceum*, Des Moulins (2); peu commun : la Dombes, le Bas-Bugey, la Bresse.

(1) Picard, 1840. *Moll. Somme, in Bull. Soc. linn. Norm.*, I, p. 358.
(2) Des Moulins, 1827. *Moll. Gironde*, p. 56.

Genre **POMATIAS**, Studer

POMATIAS SEPTEMSPIRALIS, Razoumowski

Helix septemspiralis, Razoumowski, 1789. *Hist. nat. mont Jorat*, I, p. 278.
Pomatias maculatum, Dupuy. *Loc. cit.*, p. 518, tab. XXVI, f. 15.
Cyclostoma septemspirale, Moquin-Tandon. *Loc. cit.*, p. 503, pl. XXXVII, f. 37, 38.

Habitat. — Commun ; de préférence dans les régions basses, fraîches, couvertes, sur les arbrisseaux, les taillis, sous les pierres, en colonies assez nombreuses, ordinairement peu dispersées : les environs de Lyon, dans les ravins qui descendent du plateau bressan aux vallées du Rhône et de la Saône : le Bugey, les environs d'Ambérieux, de Belley, de Culoz; le Colombier; le Valromey; le pays de Gex ; les environs de Nantua, d'Oyonnax ; la Bresse.

Variétés. — *Major*, Locard (1) ; assez rare : le Bugey, les environs de Culoz. — *Minor*, Moquin-Tandon ; peu commun : dans les parties boisées du Bugey, les environs de Belley. — *Pallidus*, Moq.-Tand.; assez rare : les environs de Lyon, la Dombes. — *Immaculatus*, Lang (2); rare : les environs de Lyon, dans la vallée du Rhône ; le pays de Gex, Chevry. — *Albinus*, nob. ; coquille de taille moyenne, mais au test complètement blanc; rare : Talissieu, au pied du Colombier.

Observations. — Nous ne connaissons pas dans le département de l'Ain le *Pomatias apricus* Mousson, qui vit dans l'Isère et la Savoie; il est probable cependant qu'il doit se retrouver dans les régions boisées des hautes montagnes.

(1) Locard, 1880. *Études sur les var. malac.*, I, p. 358.
(2) Lang, 1837. *In Cristofori et Jan, Catal.*, p, 21. *Pomatias immaculatum.*

Genre ACME, Hartmann

ACME POLITA, L. Pfeiffer

Acicula polita, L. Pfeiffer, 1841. *In Wiegm. Arch.*, p. 226.
Acme polita, Paladilhe, 1868. *Nouv. miscel. malac.*, p. 74 (n. Auct.).

Habitat. — Très-rare : dans les alluvions du Rhône au nord de Lyon ; de toutes les Acmés c'est incontestablement la forme la plus rare ; d'après la position des alluvions, on peut attribuer les deux seuls individus que nous avons récoltés aussi bien au département de l'Isère qu'à celui de l'Ain.

ACME DUPUYI, Paladilhe

Acme fusca, Dupuy. *Loc. cit.*, p. 527, tab. XXVII, f. 1.
—   — Moquin-Tandon. *Loc. cit.*, p. 509, pl. VIII, f. 8-16.
— *Dupuyi*, Paladilhe, 1868. *Nouv. miscel. malac.*, p. 81.

Habitat. — Très-rare ; nous n'avons encore récolté cette forme que dans les alluvions du Rhône, au nord de Lyon ; d'après la position de ces alluvions, il y a tout lieu de croire que leur habitat primitif se trouvait dans le département de l'Ain.

ACME LINEATA, Draparnaud

Bulimus lineatus. Draparnaud, 1801. *Tabl. moll.*, p. 67, n° 6.
Acme lineata, Dupuy. *Loc. cit.*, p. 527, tab. XXVII, f. 2.
—   — Moquin-Tandon. *Loc. cit.*, p. 509, pl. XXXVIII, f. 4-7.

Habitat. — Rare ; dans les alluvions du Rhône, au nord de Lyon : les alluvions des étangs à Billieu, près Belley ; le Colombier.

BRANCHIATA

PALUDINIDÆ

Genre **VIVIPARA**, Lamarck

VIVIPARA FASCIATA, Müller

Merita fasciata, Müller, 1776. *Verm. terr. et flur. hist.*, II, p. 182.
Vivipara fasciata, Dupuy. *Loc. cit.*, p. 540, tab. XXVII, f. 6.
Paludina vivipara, Moquin-Tandon. *Loc. cit.,* p. 535, pl. XL, f. 25.

Habitat. — Peu commun ; en colonies assez nombreuses, peu dispersées : dans les eaux de la Saône et aux embouchures des divers ruisseaux qui s'y jettent : la Seille, la Reyssouze, la Veyle, la Chalaronne ; plus abondant dans la partie sud que dans la partie nord.

Observations. — Quelques auteurs, entre autres Grognot (1) et Albin Gras (2), ont signalé le *Vivipara communis* Moquin-Tandon (3), dans les eaux de la Saône ; nous ne l'y avons jamais pêché. Il se peut cependant qu'on l'y retrouve, mais dans tous les cas c'est certainement une forme très-rare qui a pu émigrer è un moment donné.

(1) Grognot, 1863. *Mollusques testacés du département de Saône-et-Loire*, p. 17.
(2) Albin Gras, 1840. *Description des Mollusques fluviatiles et terres-tres du département de l'Isère, in Ann. Soc. d'agr.*, t. l, p. 462.
(3) Bourguignat, 1880. *Recensement des Vivipara du système européen*, p. 15.

Genre **BYTHINIA**, Gray

BYTHINIA TENTACULATA, Linné

Helix tentaculata, Linné, 1758. *Systema naturæ*, édit. X, I, p. 774.
Paludina tentaculata, Dupuy. *Loc. cit.*, p. 543, tab. XXVII, f. 7.
Bythinia tentaculata, Moquin-Tandon. *Loc. cit.*, p. 528, pl. XXXIX, f. 23-44.

Habitat. — Très-commun ; dans les rivières, les ruisseaux, les lacs, les mares et les marais, en général dans les eaux claires et limpides, calmes ou courantes, en colonies très-nombreuses, très-dispersées : presque partout.

Variétés. — *Major,* Locard (1) ; rare : dans les eaux de la Saône, au nord de Lyon, aux environs de Mâcon.— *Producta,* Menke (2) ; rare : les eaux de la Saône, un peu partout.— *Ventricosa,* Menke ; assez rare : les eaux de la Saône, aux environs de Mâcon, Saint-Laurent-d'Ain, etc. — *Cornea,* Loc.; assez rare : les lacs et marais du Bugey. — *Fulva,* Loc.; assez commun : les lacs et marais du Bugey ; lacs de Silan et de Nantua.

Genre **PALUDINELLA**, Pfeiffer

PALUDINELLA VIRIDIS, Poiret

Bulimus viridis, Poiret, 1801. *Coq. fluv. terr. Aisne, Prodr.*, p. 45, n° 15.
Hydrobia viridis. Dupuy. *Loc. cit.*, p. 553, tab. XXVII, f. 10.
Bythinia viridis, Moquin-Tandon. *Loc. cit.*, p. 524, pl. XXXIX, f. 11-17.

Habitat. — Très-rare ; dans les alluvions du Rhône, au nord de Lyon, sur les deux rives.

(1) Locard, 1880. *Études sur les var. malac.*, I, p. 367.
(2) Menke, 1830. *Syn. moll.*, p. 41.

OBSERVATIONS. — D'après la position de ces alluvions, il y a tout lieu de croire qu'ils proviennent du département de l'Ain ; nous n'hésitons donc pas à attribuer cette coquille, comme les suivantes, à la faune de ce département

PALUDINELLA BULIMOIDEA, MICHAUD

Paludina bulimoidea, MICHAUD, 1831. *Compl. hist. moll.*, p. 99, pl. XV, f. 54-55.
Hydrobia bulimoidea, DUPUY. *Loc. cit.*, p. 572, pl. XXVIII, f. 9.
Bythinia vitrea, MOQUIN-TANDON. *Loc. cit.*, p. 518, pl. XXXVIII, f. 35 (v. *bulimoidea*).

HABITAT. — Très-rare : signalé par Paladilhe à la source de l'Ain dans le Jura ; cette forme doit probablement se retrouver au moins dans les alluvions de cette rivière.

PALUDINELLA ABBREVIATA, MICHAUD

Paludina abbreviata, MICHAUD, 1831. *Compl. hist. moll.*, p. 98, pl. XV, f. 52, 53.
Hydrobia abbreviata, DUPUY. *Loc. cit.*, p. 564, pl. XXVIII, f. 4.
Bythinia abbreviata, MOQUIN-TANDON. *Loc. cit.*, p. 519, pl. XXXVIII, f. 37-38.

HABITAT. — Très-rare ; récolté dans les alluvions du Rhône au nord de Lyon, dans les mêmes conditions que le *Paludinella viridis*.

PALUDINELLA TURRICULATA, PALADILHE

Paludinella turriculata, PALADILHE, 1869. *Nouv. miscel. malac.*, p. 121, pl. VI, f. 9-10.

HABITAT. — Très-rare ; récolté dans les alluvions du Rhône, au nord de Lyon, dans les mêmes conditions que le *Paludinella viridis*.

OBSERVATIONS. — Cette forme est caractérisée par son galbe presque cylindrique, étroit, allongé, son sommet très-obtus, comme tronqué, par ses tours un peu renflés, croissant lentement et régulièrement, et séparés par une suture très-profonde, enfin par sa coloration cornée un peu foncée.

PALUDINELLA PUPOIDES, PALADILHE

Paludinella pupoides, PALADILHE, 1869. *Nouv. miscel. malac.*, p. 120, pl. VI, f. 7-8.

HABITAT. — Très-abondant ; sur les hépatiques d'une source vive à Thoiry, dans le pays de Gex, à 494 mètres d'altitude (1).

OBSERVATIONS — Cette coquille est caractérisée surtout par sa petite taille et sa forme presque exactement cylindrique qui la fera toujours facilement distinguer de toutes ses congénères.

Genre **BELGRANDIA**, Bourguignat

BELGRANDIA VITREA, DRAPARNAUD

Cyclostoma vitreum, DRAPARNAUD, 1801. *Tabl. moll.*, p. 41 ; *Hist.*, p. 40, pl. I, f. 21-22.
Hydrobia vitrea, DUPUY. *Loc. cit.*, p. 570, tab. XXVIII, f. 8 (pars).
Bythinia vitrea, MOQUIN-TANDON. *Loc. cit.*, p. 518 (pars).

HABITAT. — Très-rare : dans les alluvions du Rhône, au nord de Lyon, dans les mêmes conditions que les Paludinelles.

(1) C'est par erreur que Paladilhe a inscrit dans ses ouvrages cette localité sous le nom de Thoisy.

Genre **HYDROBIA**, **Hartmann**

HYDROBIA CHARPYI, Paladilhe

Hydrobia Charpyi, Paladilhe, 1867. *Nouv. miscel. malac.*, p. 58, pl. II, f. 7-9.

Habitat. — Très-rare : dans les alluvions du Rhône, à Miribel.

Observations. — Le seul échantillon que nous connaissions ne se rapporte pas absolument au type tel qu'on le trouve dans le ruisseau de la Grande-Combe-des-Bois dans le Doubs ; il constituerait une variété de taille plus petite, avec l'ouverture plus déjetée latéralement. — Paladilhe a également cité à Lyon l'*Hydrobia peracuta ;* nous ne l'avons jamais rencontré, et comme nous ne savons pas exactement où il a été pris, nous faisons toutes réserves relativement à la présence de cette dernière coquille dans la faune du département de l'Ain.

MELANIDÆ

Genre **LARTETIA**, **Bourguignat**

LARTETIA DIAPHANA, Michaud

Paludina diaphana, Michaud, 1831. *Compl. Hist. moll.*, p. 97, pl. XV, f. 50, 51.
Hydrobia vitrea, Dupuy. *Loc. cit.*, p. 560 (pars).
Bythinia vitrea, Moquin-Tandon. *Loc. cit.*, p. 518.

Habitat. — Rare : dans les alluvions du Rhône, au nord de Lyon, avec les Paludinelles.

OBSERVATIONS. — Cette coquille si souvent confondue avec le *Belgrandia vitrea* se distingue par sa forme plus grêle, plus conique, plus aiguë, plus lancéolée, et par la sinuosité supérieure du bord péristoméal de son dernier tour, dont la partie inférieure est projetée en avant.

VALVATIDÆ

Genre **VALVATA**, Müller

VALVATA CONTORTA, MENKE

Valvata contorta, MENKE, 1845. *Zeitschr. f. malac.*, II. p. 115, n° 2.

HABITAT. — Assez rare : dans les alluvions du Rhône, au nord de Lyon ; dans les alluvions de la rivière d'Ain, à Mollon.

OBSERVATIONS. — On distinguera facilement cette forme de toutes les autres Valvées, à sa grande taille, à son galbe élevé, à ses tours étagés, à son ouverture moins arrondie, un peu anguleuse dans le haut, enfin à la petitesse de sa fente ombilicale.

VALVATA PISCINALIS, MÜLLER

Nerita piscinalis, MÜLLER, 1774. *Verm. terr. et fluv. hist.*, II. p. 172.
Valvata piscinalis, DUPUY. *Loc. cit.*, p. 583, tab. XXVIII, f. 13.
    —   — MOQUIN-TANDON. *Loc. cit.*, p. 540, pl. XLI, f. 1-25.

HABITAT. — Assez commun ; en colonies peu nombreuses, peu dispersées, dans les eaux calmes, à fond vaseux, dans le voisinage des grands cours d'eaux, ou sur les bords des lacs ou des marais : les environs de Lyon, les alluvions du Rhône, Miribel, Culoz ; le Bugey, les lacs et les marais des environs de Belley ; les ruisseaux aux environs de Saint-Amour et de Coligny.

VARIÉTÉS. — *Minor,* Locard (1) ; assez rare : les environs de Lyon, dans les alluvions du Rhône. — *Viridula,* Loc. ; rare : les environs de Lyon et de Miribel, dans les alluvions du Rhône.

VALVATA OBTUSA, Studer

Nerita obtusa, STUDER, 1789. *Faunul. Helvet., in Coxe, Trav. Swit.,* III, p. 436.

HABITAT. — Assez rare : dans les alluvions du Rhône, au nord de Lyon, Miribel.

OBSERVATIONS. — On distinguera cette Valvée à sa forme régulièrement conique, à ses tours de spire peu séparés, à sa suture peu profonde, à la forme de son ouverture légèrement anguleuse vers le haut, enfin à la fente ombilicale qui est plus grande que celle du *Valvata contorta*, mais plus petite que celle du *Valvata piscinalis*.

VALVATA CRISTATA, Müller

Valvata cristata, MÜLLER, 1774. *Verm. terr. et fluv. hist.,* II, p. 198.
  —   —   DUPUY, *Loc. cit.,* p. 587, tab. XXVIII, f. 1-6.
  —   —   MOQUIN-TANDON. *Loc. cit.,* p. 544, pl. LXI, f. 32-42.

HABITAT. — Assez commun ; en colonies assez nombreuses, peu dispersées, soit dans les eaux claires des sources et des fontaines, soit dans les eaux stagnantes des mares et des marais :

(1) Locard, 1880. *Études sur les var. malac.,* I, p. 383.

les environs de Lyon, la vallée du Rhône, les délaissés au bord
du fleuve ; la Dombes dans les ruisselets, les mares, marais ; les
lacs du Bas-Bugey, les environs de Belley ; la Bresse ; Oyonnax ; la vallée de la Saône, les environs de Pont-de-Veyle, de
Saint-Laurent-d'Ain, de Trévoux.

NERITINIDÆ

Genre **NERITINA**, Lamarck

NERITINA FLUVIATILIS, Linné

Nerita fluviatilis, Linné, 1758. *Systema naturæ*, édit. X, I, p. 777.
Neritina fluviatilis, Dupuy. *Loc. cit.*, p. 591, tab. XXIX, f. 1.
Nerita fluviatilis, Moquin-Tandon. *Loc. cit.*, p. 549, pl. XLII.

Habitat. — Commun ; en colonies nombreuses, très-dispersées, fixé sur les pierres et les corps submergés, dans les
grands cours d'eau et plus particulièrement aux embouchures
des rivières : les eaux du Rhône et de la Saône, la rivière
d'Ain, presque partout.

Variétés. — *Virescens,* Moquin-Tandon ; commun : presque partout. — *Imbricata,* Moq.-Tand.; assez commun : les
eaux du Rhône et de la Saône, presque partout. — *Maculata,*
Moq.-Tand.; assez rare : les eaux de la Saône et de la rivière
d'Ain. — *Scripta,* Moq.-Tand.; assez commun : presque partout. — *Flammulata,* Moq.-Tand.; assez rare : les eaux de la
Saône, au nord de Lyon et aux environs de Mâcon. — *Unicolor*, Moq.-Tand.; peu commun : les eaux de la Saône, dans
toute la vallée.

ACEPHALA

LAMELLIBRANCHIATA

SPHÆRIDÆ

Genre **SPHÆRIUM**, Scopoli

SPHÆRIUM RIVICOLA, Leach

Cyclas rivicola, Leach, 1818. *In Lamarck, Anim. s. vert.*, V. p. 558.
—   —   Dupuy. *Loc. cit.*, p. 665, tab. XXIX, f. 3.
—   —   Moquin-Tandon. *Loc. cit.*, p. 590, pl. LII, f. 47, 50 ; pl. LIII, f. 1-16.

Habitat. — Peu commun ; paraît vivre en colonies assez nombreuses mais peu dispersées, dans les eaux vaseuses peu profondes, dans le voisinage des grands cours d'eau : les eaux de la Saône dans toute la vallée ; les eaux de la Veyle et de l'Ain.

Variétés. — *Nucleum*, Locard (1) ; assez rare : les eaux de la Saône ; dans les alluvions aux environs de Mâcon.

(1) Locard, 1880. *Études sur les var. malac.*, I, p. 390.

SPHÆRIUM RYCKHOLTII, Normand

Cyclas Ryckholtii, Normand, 1848. *Notice sur quelques Cyclades*, p. 7, f. 5-5.
   —   —   Dupuy. *Loc. cit.*, p. 675, tab. XXIX, f. 10.
   —   —   Moquin-Tandon. *Loc. cit.*, p. 595, pl. LIII, f. 40-42.

Habitat. — Rare ; nous ne connaissons cette Sphærie que dans les eaux du lac de Chaillou près Belley, où elle vit avec le *Sphærium Brochonianum.*

Observations. — On distinguera le *Sphærium Ryckholtii* du *S. Brochonianum* à son test plus épais, plus solide, un peu moins transparent, à son galbe moins quadrangulaire, plus iné-quilatéral, à sa forme plus renflée, plus ventrue dans la région des sommets.

SPHÆRIUM BROCHONIANUM, Bourguignat

Sphærium Brochonianum, Bourguignat, 1854. *Monogr. Sphærium*, p. 50, pl. III, f. 1-5.
Cyclas lacustris, Moquin-Tandon. *Loc. cit.*, p. 594 (var. *Brochoniana*).

Habitat. — Assez rare : dans les eaux des lacs du Bugey, aux environs de Belley, en colonies assez populeuses, mais peu dispersées : lac de Bard, lac Chaillou.

SPHÆRIUM CORNEUM, Linné

Tellina cornea, Linné, 1758. *Systema naturæ.* édit. X, I, p. 678.
Cyclas cornea, Dupuy. *Loc. cit.*, p. 666, tab. XXIX, f. 4.
   —   —   Moquin-Tandon. *Loc. cit.*, p. 591, pl. LIII, f. 17-30.

Habitat. — Très-commun ; dans les lacs, losnes, marais, mares, fossés, etc., à fonds un peu vaseux et peu profonds, en

colonies très-populeuses et souvent très-dispersées : les environs de Lyon, la vallée du Rhône ; les flancs de la Dombes, la
Dombes ; le Bas-Bugey, les lacs et marais ; la Bresse ; les environs de Coligny, de Saint-Amour, de Bourg ; la vallée de la
Saône, Pont-de-Veyle, Trévoux, etc.

SPHÆRIUM NUCLEUM, Studer

Cyclas nucleus, Studer, 1820. *Kurz. Verzeichn. Conch.*, p. 93.
  — *nucleus*, Dupuy. *Loc. cit.*. p. 658.
  — *cornea*, Moquin-Tandon. *Loc. cit.*, p. 592 (var. *nucleus*).

Habitat. — Assez commun : vit dans les mêmes conditions
que la forme précédente et souvent l'accompagne : les environs
de Lyon, la vallée du Rhône ; la Dombes ; les marais et les lacs
du Bas-Bugey, les environs de Belley ; la Bresse ; les environs
de Coligny et de Saint-Amour ; la vallée de la Saône, Pont-
de-Veyle, etc.

Observations. — Cette forme ne diffère de la précédente
que par son galbe plus globuleux, par ses sommets plus déve-
loppés, plus élevés et plus recourbés ; bien des auteurs ne l'in-
diquent qu'à titre de variété.

SPHÆRIUM LACUSTRE, Müller

Tellina lacustris, Müller, 1774. *Verm. terr. et fluv. hist.*, II, p. 204.
Cyclas lacustris, Dupuy. *Loc. cit.*, p. 671, tab. XXIX, f. 7.
  —   — Moquin-Tandon. *Loc. cit.*, p. 593, pl. LIII, f. 34-39.

Habitat. — Peu commun ; localisé dans quelques mares ou
étangs aux eaux tranquilles et assez profondes, en colonies peu
populeuses et peu dispersées : les lacs et marais des environs de
Belley ; Saint-Laurent-d'Ain, Pont-de-Veyle, le parc du château de l'Aumusse.

Genre **PISIDIUM**, C. Pfeiffer

PISIDIUM PUSILLUM, Gmelin

Tellina pusilla, Gmelin, 1788. *Systema naturæ*, édit. XIII, p. 3231.
Pisidium fontinale, Dupuy. *Loc. cit.*, p. 691, tab. XXXI, f. 3.
—   *pusillum*, Moquin-Tandon. *Loc. cit.*, p. 587, pl. LIII, f. 38-42.

Habitat. — Assez rare ; en colonies nombreuses, peu dispersées, dans les eaux claires et limpides à fond un peu vaseux : le Bugey, les lacs des environs de Belley, Billieu.

Observations. — Terver a retrouvé cette même forme dans les eaux de la Saône au pied du Mont-d'Or lyonnais ; il est donc probable qu'elle doit également se retrouver sur d'autres points de la vallée appartenant au département de l'Ain.

PISIDIUM GASSIESIANUM, Dupuy

Pisidium Gassiesianum, Dupuy, 1849. *Catal. extramar. Galliæ*, n° 232.
—   —   Dupuy. *Loc. cit.*, p. 685, tab. XXX, f. 7.
—   *Casertanum*, Moquin-Tandon. *Loc. cit.*, p. 585 (var. *Gassiesianum*).

Habitat. — Assez rare : localisé seulement sur quelques points du Bugey, notamment dans le marais de Chazay.

PISIDIUM CASERTANUM, Poli

Cardium casertanum, Poli, 1791. *Test. utr. Siciliæ*, I, p. 65, t. XVI, f. 1 (n. Rissoi.
Pisidium casertanum, Moquin-Tandon. *Loc. cit.*, p. 584, pl. LII, f. 16, 32.

Habitat. — Peu commun ; toujours localisé, mais recherchant indifféremment les eaux vives ou stagnantes : les environs de Lyon, les alluvions du Rhône; le Bugey, Blanaz source de Grinand, marais de Billieu et de Chazay; la Bresse.

VARIÉTÉS. — *Lenticulare*, Normand (1); rare : beaux échantillons à Cras, commune de Montrevel.

PISIDIUM AMNICUM, Müller

Tellina amnica, MÜLLER, 1774. *Verm. terr. et fluv. hist.*, II, p. 205.
Pisidium amnicum, DUPUY. *Loc. cit.*, p. 679, tab. XXX, f. 1.
—   —   MOQUIN-TANDON. *Loc. cit.*, p. 583, pl. LII, f. 11-15.

HABITAT. — Assez commun; en colonies nombreuses, peu dispersées, dans les ruisseaux, les lacs ou les marais, recherchant de préférence les fonds un peu vaseux : les environs de Lyon, la Dombes; les bords du Rhône, Culoz; le Bas-Bugey, les environs de Belley, Arbigneux; la Bresse; la vallée de la Saône.

UNIONIDÆ

Genre UNIO, Philippsson

UNIO SINUATUS, Lamarck

Unio sinuata, LAMARCK, 1819. *Anim. s. vert.*, VI, I, p. 70 (n. C. Pfeiffer).
— *sinuatus*, DUPUY. *Loc. cit.*, p. 630, tab. XXIII, f. 7.
—   —   MOQUIN-TANDON. *Loc. cit.*, p. 567, pl. XLIII, f. 1-3.

HABITAT. — Rare; vit dans les parties profondes des eaux des rivières, d'où il n'est ramené que par les dragages; paraît

(1) Normand. 1854. *Not. nouv. Cycl.*, p. 8, f. 7-8. *Cyclas lenticularis.*

constituer des colonies peu nombreuses mais très-dispersées : les eaux du Rhône et de la Saône, la Veyle à son embouchure.

Variétés. — *Compressus*, Moquin-Tandon ; assez rare : les eaux de la Saône. — *Araris*, Barbié (1); rare : les eaux de la Saône. Cette variété par sa double dent dans la valve droite peut, croyons-nous, être considérée comme une anomalie.

UNIO RHOMBOIDEUS, Schröter

Mya rhomboidea, Schröter, 1779. *Fluss. Conch.*, p. 186, pl. II, f. 3.
Unio littoralis, Dupuy. *Loc. cit.*, p. 632, tab. XXIII, f. 8 ; tab. XXIV, f. 5, 6, 8.
— *rhomboideus*, Moquin-Tandon. *Loc. cit.*, p. 568. pl. XLVIII, f. 4-9 ; pl. XLIX, f. 1-2.

Habitat. — Très-commun ; vit dans tous les cours d'eau un peu importants de la région en colonies populeuses souvent très-dispersées, sur les fonds sablonneux, dans des eaux peu profondes ou moyennement profondes : le Rhône, la Saône, l'Ain, la Veyle, le Salman, le Sevron, etc.

Variétés. — *Subtetragonus*, Michaud (2); peu commun : les eaux de la Saône, au nord de Lyon. — *Draparnaldi*, Deshayes (3); assez rare : les eaux de la Saône, la Veyle à son embouchure.

UNIO BARRAUDI, Bonhomme

Unio Barraudii. Bonhomme, 1840. *Mém. soc. Aveyron*, II, p. 430.
— — Dupuy. *Loc. cit.*, p. 635, tab. XXV, f. 1.
— *rhomboideus*, Moquin-Tandon. *Loc. cit.*, p. 568 (var. *Barraudii*).

Habitat. — Assez commun; en colonies assez dispersées et populeuses : dans les eaux du Menthon près de Pont-de-Veyle.

(1) Barbié, 1855. *In Grateloup. Catal.*, p. 45. *Unio Araris*.
(2) Michaud, 1831. *Compl. Hist. Moll.*, p. 111, pl. xvi, f. 23. *Unio subtetragonus*.
(3) Deshayes, 1831. *Coq. terr.*, p. 43. pl. xiv, f. 6. *Unio Draparnaldi*.

OBSERVATIONS. — Cette forme signalée d'abord dans l'Avey-ron a été ensuite retrouvée dans le Jura par Terver et par M. Charpy. M. de Fréminville l'a pêchée tout récemment dans le Menthon.

UNIO PHILIPPI, Dupuy

Unio Philippi, DUPUY, 1849. *Catal. extramar. Galliæ*, n° 335.
— — DUPUY. *Loc. cit.*, p. 654, tab. XXVIII, f. 19.
— *pictorum*, MOQUIN-TANDON. *Loc. cit.*, p. 576 (var. *Philippi*).

HABITAT. — Assez commun ; en colonies populeuses, peu dispersées : dans les eaux du Menthon près Pont-de-Veyle.

OBSERVATIONS. — Cette forme recueillie par M. de Frémin-ville ne se rapporte pas au type de l'*Unio Philippi* tel que l'a décrit et figuré M. l'abbé Dupuy. Ce serait au moins une forte variété, et peut-être même une espèce nouvelle. Ces échantil-lons sont de taille plus petite que le type, de forme un peu moins haute, et par conséquent d'un galbe plus allongé ; le bord inférieur est légèrement sinueux ; la coloration est d'un brun verdâtre avec les sommets non excoriés et un peu rou-geâtres. La dent cardinale peu développée est assez mince, sub-trigone, peu élevée et légèrement denticulée ; les dents de la valve gauche sont peu saillantes, l'une d'elles paraît souvent atrophiée.

UNIO BATAVUS, Nilsson

Unio batavus, NILSSON, 1822. *Hist. Moll. Succiæ*, p. 112, n° 8.
— — DUPUY. *Loc. cit.*, p. 638, tab. XXV, f. 14, 15.
— — MOQUIN-TANDON. *Loc. cit.*, p. 571, pl. XLIX, f. 7-8.

HABITAT. — Très-commun ; en colonies très-nombreuses ; très-dispersées dans toutes les rivières un peu importantes du

département ; recherchant indistinctement les fonds de sables
fins ou un peu vaseux : les eaux de la Saône, de la Veyle, de la
Seille, du Sevron, du Solman, du Suran, de l'Ain, du Furand, du Rhône ; les lacs de Silan et de Nantua.

UNIO NANUS, Lamarck

Unio nana, Lamarck, 1819. *Anim. sans vert.*, VI, I, p. 76, n° 27.
— *nanus*, Dupuy. *Loc. cit.*, p. 640, tab. XXV, f. 16.
— *batavus*, Moquin-Tandon. *Loc. cit.*, p. 571 (var. *nanus*).

Habitat. — Rare ; nous ne connaissons cette forme que
dans un petit nombre de stations : la Veyle près Pont-de-Veyle;
les environs de Belley, probablement dans le Furand, le Sevron
et Marboz.

Observations. — Dans la collection Terver au Muséum de
Lyon, il existe un échantillon de l'*Unio nanus* dont la détermination a été récemment vérifiée par M. Drouët et qui porte
pour toute indication : Belley.

UNIO SUBTILIS, H. Drouët

Unio subtilis, H. Drouët, 1879. *In Journ. de Conch.*, t. XIX, p. 142.

Habitat. — Rare ; M. Drouët a reconnu cette petite forme
dans un échantillon de la collection Terver au Muséum de
Lyon portant pour toute indication : la Veyle.

UNIO ELONGATULUS, Mühlfeldt

Unio elongatulus, Mühlfeldt, 1835. *In C. Pfeiffer*, *Natur.*, p. 35, pl. VIII. f. 55.

HABITAT.—Rare; l'*Unio elongatulus* a été reconnu par M.H. Drouët dans un échantillon de la collection Terver provenant des eaux du Suran.

OBSERVATIONS. — Cet unique individu nous paraît moins allongé, plus large que le type figuré par Pfeiffer et Rossmässler, ou même que les échantillons de la Laigne (Aube), une des rares localités françaises où cette forme ait été signalée.

UNIO MOQUINIANUS, DUPUY

Unio Moquinianus, DUPUY, 1843. *Moll. Gers*, p. 82, pl. I. fig. 1.
—   —   DUPUY. *Loc. cit.*, p. 644, tab. XXVI, f. 18.
—   —   MOQUIN-TANDON. *Loc. cit.*, p. 573, pl. L, fig. 1-2.

HABITAT. — Rare : dans les eaux du Torrin à Villeneuve près Domsure.

OBSERVATIONS. — C'est sur les indications de M. Charpy que nous signalons cette forme; les échantillons ont été déterminés par M. l'abbé Dupuy.

UNIO REQUIENI, MICHAUD

Unio Requieni, MICHAUD, 1831. *Compl. Hist. Moll.*, p. 106, pl. XVI, f. 24.
—   —   DUPUY. *Loc. cit.*, p. 652, tab. XXVII, f. 18.
—   —   MOQUIN-TANDON. *Loc. cit.*, p. 574, pl. L, f. 5-7.

HABITAT. — Assez commun ; en colonies peu populeuses et assez dispersées, recherchant de préférence les fonds un peu vaseux : les eaux de la Saône, les marais de Dampierre, le bassin de Saint-Laurent-d'Ain.

VARIÉTÉS. — *Elongatus*, Locard (1); rare : la Saône au nord de Lyon; les marais de Dampierre. — *Inflatus*, Loc.; assez commun ; la vallée de la Saône.

(1) Locard, 1880. *Études sur les var. malac.*, I, p. 422.

OBSERVATIONS. — Nous avons pêché près de Lyon, dans les eaux du Rhône, l'*Unio Requieni* type; il est donc fort probable qu'on doit également le retrouver plus au nord.

UNIO PICTORUM, Linné

Unio pictorum, LINNÉ, 1758. *Systema naturæ*, édit. X, I, p. 671 (n. Mont.).
  —   —   DUPUY. *Loc. cit.*, p. 647, tab. XXVI, f. 20.
  —   —   MOQUIN-TANDON. *Loc. cit.*, p. 576, pl. L, f. 8-10 et pl. LI, fig. 1-10.

HABITAT. — Très-commun; en colonies très-nombreuses et très-dispersées dans la plupart des cours d'eau un peu importants du département, recherchant de préférence les fonds un peu sablonneux : les eaux du Rhône, de la Saône, de l'Ain, de la Veyle; les lacs de Nantua et de Silan.

VARIÉTÉS. — *Radiatus,* Moquin-Tandon; assez rare : les eaux de la Saône. — *Flavescens,* Moq.-Tand.; assez rare : les eaux de la Saône. — *Ponderosus,* Spitzi (1); peu commun : Saint-Laurent-d'Ain. — *Rostratus,* Lamarck (2); assez rare; les eaux du Rhône et de la Saône.— *Longirostris,* Ziegler (3); assez rare : presque partout.

Genre **ANODONTA**, Cuvier

ANODONTA EUCYPHA, Bourguignat

Anodonta eucypha, BOURGUIGNAT, 1880. *Mater. moll. acephal.*, p. 108.
  —   cygnæa, DUPUY. *Loc. cit.*, tab. XV, f. 14.

(1) Spitzi, 1844. In *Rossmässler, Iconogr.*, XII, p. 31, f. 767. *Unio ponderosus.*
(2) Lamarck, 1819. *Anim. sans vert.*, VI. I, p. 77. *Unio rostratus.*
(3) Ziegler, 1842. *In Rossmässler, Iconogr.*, XI, p. 13, f. 738. *Unio longirostris.*

HABITAT. — Rare; nous n'en connaissons encore que deux échantillons recueillis dans les eaux de la Saône, l'un par Terver au nord de Lyon, l'autre par M. Lacroix aux environs de Mâcon.

OBSERVATIONS. — De toutes les grandes Anodontes de notre région, c'est incontestablement celle qui a la forme la plus courte par rapport à la largeur maximum.

ANONDONTA ACYRTA, Bourguignat

Anodonta acyrta, BOURGUIGNAT, 1880. *In Sched.*

HABITAT. — Rare; dans les délaissés marécageux des bords de la Saône aux environs de Mâcon, à Saint-Laurent-d'Ain.

OBSERVATIONS.— M. Bourguignat a reconnu dans nos échantillons une forme plus ventrue que celle du véritable type dont il va donner la description dans ses « *Matériaux pour servir à l'histoire des mollusques acéphales* ».

ANODONTA CYGNÆA, Linné

Mytilus cygnæus, LINNÉ, 1758. *Systema naturæ*, édit. X, I, p. 706.
Anodonta cygnæa, DUPUY. *Loc. cit.*, p. 601 (pars).
    —   —   MOQUIN-TANDON. *Loc. cit.*, p. 557 (pars).

HABITAT. — Commun; dans la plupart des lacs, des étangs, des mares et des marais aux eaux tranquilles, un peu vaseuses ou légèrement sablonneuses : presque partout.

OBSERVATIONS. — Cette forme si souvent mal interprétée par les auteurs doit, d'après Hanley et M. Bourguignat, être envisagée telle que l'a compris Rossmässler dans son *Iconographie,* figure 280.

ANODONTA PONDEROSA, C. Pfeiffer

Anodonta ponderosa, C. Pfeiffer, 1825. *Naturg. Deutsch.*, II, p. 31, pl. CV, f. 1.
— — Dupuy. *Loc. cit.*, p. 605. pl. XVIII, f. 12.
— *aronensis*, Moquin-Tandon. *Loc. cit.*, p. 562, pl. XLVI, f. 7-8.

HABITAT. — Nous devons à M. G. de Mortillet l'indication
de la présence de l'*Anodonta ponderosa* à Fernex.

ANODONTA ROSSMÄSSLERIANA, Dupuy

Anodonta Rossmässleriana, Dupuy, 1843. *En. Moll. Gers.* p. 74.
— — Dupuy. *Loc. cit.*, p. 608, tab. XVIII. f. 14.
— *aronensis*, Moquin-Tandon. *Loc. cit.*, p. 567 (v. *Rossmässleriana*).

HABITAT. — Peu commun; d'après M. Charpy, l'*Anodonta
Rossmässleriana* aurait été reconnu par M. l'abbé Dupuy dans
les eaux du Solman à Domsure ainsi que dans une mare à
Marboz; M. Lacroix l'a également récolté dans une mare à
Saint-Laurent-d'Ain.

ANODONTA PISCINALIS, Nilsson

Anodonta piscinalis, Nilsson, 1822. *Hist. Moll. Suecie*, p. 116, n° 3.
— — Dupuy. *Loc. cit.*, p. 612, tab. XXI, f. 17, 18.
— *variabilis*, Moquin-Tandon. *Loc. cit.*, p. 561 (pars).

HABITAT. — Peu commun; en colonies peu nombreuses et
très-dispersées, recherchant les fonds un peu sablonneux : dans
les eaux du Rhône au nord de Lyon et à Seyssel; les eaux de
la Saône.

OBSERVATIONS. — C'est avec la forme figurée par M. l'abbé

Dupuy que nos différents échantillons présentent le plus d'analogie.

ANODONTA SERVAINI, Bourguignat

Anodonta Servaini, Bourguignat, 1880. *In Sched.*

HABITAT. — M. Bourguignat a reconnu cette forme nouvelle
qu'il doit décrire dans ses *Matériaux pour servir à l'histoire
des mollusques acéphales,* dans un échantillon provenant des
eaux de la Veyle près de Mâcon.

ANODONTA ANATINA, Linné

Mytilis anatinus, Linné, 1758. *Systema naturæ,* édit. X, I, p. 706.
Anodonta anatina, Dupuy. *Loc. cit.*, p. 610, tab. XIX, f. 13.
    —   — Moquin-Tandon. *Loc. cit.*, p. 558 (pars).

HABITAT. — Assez commun ; en colonies peu nombreuses,
assez dispersées, dans les parties tranquilles des grands cours
d'eaux, dans leurs losnes et leurs dérivations, à l'embouchure
des ruisseaux qui s'y jettent : les eaux du Rhône, de la Saône
et de la rivière d'Ain, un peu partout ; Marboz.

ANODONTA PSAMMITA, Bourguignat

Anodonta psammita, Bourguignat, 1862. *Malac. lac Quatre-Cantons*, p. 58, pl. IV, f. 1.

HABITAT. — D'après une note que nous devons à l'extrême
obligeance de M. Charpy, M. Bourguignat aurait reconnu son
Anodonta psammita dans les échantillons qui lui avaient été
envoyés par le Dr Paladilhe et qui avaient été pêchés par
M. Charpy dans les eaux du Besançon entre les départements
de l'Ain et du Jura.

ANODONTA NYCTERIANA, Bourguignat

Anodonta nycteriana, Bourguignat, 1880. *Mater. moll. acéphal.*, p. 101.

Habitat. — Assez rare ; M. Bourguignat a reconnu cette forme nouvelle dans des échantillons pêchés par notre ami M. de Fréminville dans les eaux du Menthon.

Observations. — Nos échantillons diffèrent un peu du type ; ils ont une forme un peu plus allongée avec la partie antérieure plus courte, plus rétrécie.

ANODONTA PARVULA, Drouët

Anodonta parvula. H. Drouët, 1852. *Anod. de l'Aube*, p. 19.
 — *anatina*, Moquin-Tandon. *Loc. cit.*, p. 558 (var. *coarctata*).

Habitat. — Assez rare ; en petites colonies peu dispersées dans les eaux de la Reyssouze, à Saint-Julien.

DREISSENIDÆ

Genre DREISSENA, van Beneden

DREISSENA POLYMORPHA, Pallas

Mytilus polymorphus, Pallas, 1754. *Voy. Russie*, app., p. 212.
Dreissena polymorpha, Dupuy. *Loc. cit.*, p. 659, tab. XXIX, f. 11.
 — — Moquin-Tandon. *Loc. cit.*, p. 598, pl. LIV.

Habitat. — Très-commun ; en colonies très-populeuses et très-nombreuses dans les eaux de la Saône et dans ses affluents à leur embouchure.

RÉSUMÉ ET CONCLUSIONS

La faune malacologique vivante du département de l'Ain, telle que nous venons de la décrire, se compose donc de 221 espèces réparties dans 37 genres, soit 141 mollusques terrestres et 80 mollusques aquatiques. Nous avons admis comme *espèces* toutes les formes qui ont été élevées à ce rang d'après les publications les plus récentes, sans prétendre en discuter la validité dans ce Catalogue.

Comme on a pu le voir, toutes ces formes différentes ne vivent pas dans les mêmes conditions ; nous avons pensé qu'il serait intéressant, au point de vue de la géographie malacologique, de chercher à résumer les données relatives aux divers habitats de ces espèces et de montrer dans quelles conditions elles vivent dans le département. A cet effet, nous avons réparti notre faune générale en 21 faunules basées sur les différentes conditions des milieux. Nous espérons ainsi compléter notre travail et combler bien des lacunes relatives à la répartition géographique des espèces, en montrant dans quelles conditions telle ou telle coquille doit être plus particulièrement recherchée. De semblables données n'ont incontestablement rien d'absolu ; ce sont de simples indications qui permettront aux malacologistes de retrouver ces mollusques dans bien des stations où il ne nous a pas été donné de les signaler.

MOLLUSQUES TERRESTRES

1° *Faunules basées sur les conditions physiques.*

1. FAUNULA ARIDA. — Sous cette dénomination nous comprenons les mollusques terrestres qui vivent de préférence dans les endroits secs, arides, sablonneux ou arénacés, souvent exposés aux ardeurs du soleil. La flore d'un pareil milieu est elle-même peu variée ; on y observe surtout des bruyères, des hélyanthèmes, des gazons, des ajoncs et quelques espèces spéciales propres à de tels terrains. Nous observons des sites de ce genre dans les bas plateaux de la Bresse, de la Dombes et du Bugey ; la faune y est toujours peu abondante ; ce sont, en général, des espèces de petite taille, au test épais, solide, subcrétacé. Nous distinguerons plus particulièrement :

Helix carthusiana.	*Chondrus tridens.*
— *ericetorum.*	— *quadridens.*
— *fasciolata.*	*Clausilia parvula.*
— *gesocribatensis.*	*Pupa avenacea.*
— *intersecta.*	— *hordeum.*
— *unifasciata.*	*Carychium tridentatum.*

2. FAUNULA HUMIDA. — Dans cette faunule viennent se ranger les espèces qui vivent de préférence dans les endroits frais, humides, souvent couverts, sombres, même marécageux, recherchant les bois pourris, les détritus, s'enfonçant parfois dans le sol ou même y faisant complètement choix de domicile. Ce sont ordinairement les Limaciens, des Gastéropodes de petite taille, à test mince, transparent, comme les Succinées, les Hyalinies, les Cœcilianelles. Nous y rapportons également quelques espèces aquatiques parmi les Limaciens, qui peuvent vivre un temps même assez long hors de l'eau dans des milieux de la nature de ceux dont nous venons de parler. Dans l'Ain, de telles

stations sont fréquentes, surtout dans la partie submontagneuse
du Bugey, du Revermont, de la Bresse, etc.

Arion empiricorum.
— *hortensis.*
Geomalacus Bourguignati.
Limax agrestis.
— *cinereus.*
— *variegatus.*
Succinea acrambleia.
— *oblonga.*
— *arenaria.*
— *humilis.*
Hyalinia cellaria.
— *septentrionalis.*
— *glabra.*
— *nitens.*
— *nitida.*
— *pseudohydatina.*
— *illauta.*
— *crystallina.*

Hyalinia diaphana.
Helix costata.
— *hispida.*
— *cœlata.*
— *clandestina.*
— *plebeia.*
— *aspersa.*
Ferussacia subcylindrica.
Cœcilianella acicula.
Clausilia laminata.
— *fimbriata.*
Pupa muscorum.
Vertigo Moulinsiana.
— *antivertigo.*
— *plicata.*
Limnœa palustris.
— *peregra.*
— *truncatula.*

3. FAUNULA RIPARIA. — Sur les bords des cours d'eau, des
lacs, des marais, des ruisseaux, il existe toute une petite faunule dont plusieurs espèces ne sauraient s'écarter d'un pareil
milieu. Quelques formes, comme les Succinées, grimpent sur
les tiges des plantes aquatiques, des joncs, des saules qui bordent les eaux, tandis que d'autres, comme les Hyalinies, rampent plus volontiers sur le sol humide. Presque toutes sont de
taille minime ou tout au plus moyenne, à test mince, transparent, souvent brillant. De tels milieux sont très-fréquents dans
la Dombes, la Bresse, le Bugey, partout où les cours d'eau et
les étangs abondent.

Succinea putris.
— *Charpentieri.*
— *Pfeifferi.*
— *acrambleia.*
— *Fagotiana.*
— *oblonga.*
— *arenaria.*
— *humilis.*

Hyalinia lucida.
— *nitida.*
— *nitidosa.*
— *pseudohydatina.*
— *illauta.*
— *crystallina.*
— *diaphana.*
— *fulva.*

Helix pygmæa.
— hispida.
— pulchella.
— circinnata.
— glypta.
Bulimus detritus.
Ferussacia subcylindrica.
Clausilia nantuacina.

Pupa muscorum.
— bigranata.
— Semproni.
Vertigo inornata.
— pygmæa.
— antivertigo.
Carychium minimum.
— tridentatum.

4. FAUNULA RUPESTRIS. — Cette faunule comprend toutes les espèces montagnardes ou submontagnardes qui vivent sous les pierres, dans les fentes des rochers, fuyant les ardeurs solaires pour rechercher la fraîcheur et l'humidité ; elles se nourrissent de détritus, de lichens, de petits végétaux, s'attaquant à toute la faune cryptogamique qui croît dans de semblables conditions. Nous en trouvons les éléments dans le Bugey, le Valromey, le pays de Gex, le Revermont, etc.

Arion hortensis.
Limax agrestis.
Milax marginatus.
Hyalinia cellaria.
— Blauneri.
— glabra.
— alliaria.
— nitida.
— nitidula.
— nitens.
— radiatula.
Helix rotundata.
— ruderata.
— obvoluta.
— personata.
— phorochætia.
— rupestris.
— lapicida.
— sylvatica.
— aspersa.
Bulimus montanus.
— obscurus.

Chondrus tridens.
— quadridens.
Clausilia ventricosa.
— earina.
— carthusiana.
— Rolphii.
— plicatula.
— nigricans.
— nantuacina.
— parvula.
— corynodes.
— tettelbachiana.
Balia perversa.
Pupa avenacea.
— frumentum.
— secale.
— multidentata.
— dolium.
— muscorum.
Vertigo pusilla.
— plicata.
Pomatias septemspirale.

5. FAUNULA MURALIS. — Il existe un certain nombre de mollusques qui font plus volontiers élection de domicile sur les

murailles et qui, pendant la sécheresse, se cachent sous les herbes qui croissent à leur pied. On les rencontre sur les vieux murs, les ruines, les murgets en pierres sèches, grimpant après la pluie. On les trouve aussi sur les murs souvent un peu humides des églises de campagne, les murs des cimetières, des vieux châteaux, des anciennes constructions. Ils vivent le plus souvent de mousses, de lichens, de détritus de toute sorte. Leur test est ordinairement solide, épais, subcrétacé et même côtelé. Cette faune qui vit à toutes les altitudes nous a donné dans ce département les espèces suivantes :

Arion empiricorum.	*Helix rupestris.*
Limax cinereo-niger.	*Bulimus obscurus.*
— *variegatus.*	*Chondrus tridens.*
Milax marginatus.	— *quadridens.*
Hyalinia lucida.	*Ferussacia subcylindrica.*
— *cellaria.*	*Clausilia nigricans.*
— *nitens.*	— *plicatula.*
— *nitida.*	— *parvula.*
— *nitidula.*	— *tettelbachiana.*
Helix strigella.	*Pupa avenacea.*
— *rotundata.*	— *hordeum.*
— *lapicida.*	— *frumentum.*
— *fasciolata.*	— *muscorum.*
— *unifasciata.*	— *triplicata.*
— *idanica.*	— *umbilicata.*
— *lieuranensis.*	*Vertigo muscorum.*
— *heripensis.*	*Pomatias septemspiralis.*

6. FAUNULA VIARUM. — Quelques espèces, peu nombreuses il est vrai, se tiennent volontiers sur le bord des routes, des chemins, des sentiers même les plus fréquentés, se cachant sous les pierres ou les herbes qui bordent la route, et fréquentant les chemins après la pluie. Ce sont plus volontiers des limaciens et des colimaciens, qui se nourrissent plus particulièrement d'herbes et de petites plantes. Nous signalerons dans cette faunule les espèces suivantes :

Arion empiricorum.	*Hyalinia lucida.*
— *hortensis.*	— *radiatula.*
Limax agrestis.	— *phorochœtia.*

Helix strigella.	*Helix intersecta.*
— *ericetorum.*	— *unifasciata.*
— *fasciolata.*	*Vertigo pygmæa.*

2° *Faunules basées sur les conditions botaniques.*

7. FAUNULA SYLVATICA. — La faunule sylvatique, si développée dans le département de l'Ain, comprend toutes les espèces qui vivent dans les forêts ou les grands bois, en général à une altitude supérieure à 1,000 ou 1,200 mètres. Presque toutes recherchent l'ombre et la fraîcheur et se nourrissent de feuilles mortes, de détritus, de bois pourris ou même de végétaux frais dont elles rongent les jeunes pousses. C'est la faune montagnarde par excellence, dont nous retrouvons les éléments dans toute la partie orientale du département.

Arion empiricorum.	*Helix obvoluta.*
— *ater.*	— *personata.*
Geomalacus Bourguignati.	— *villosa.*
Limax agrestis.	— *montana.*
— *sylvaticus.*	— *phorochætia.*
— *cinereo-niger.*	— *strigella.*
— *cinereus.*	— *depilata.*
— *variegatus.*	— *Cobresina.*
Milax marginatus.	— *lapicida.*
Vitrina pellucida.	— *arbustorum.*
— *major.*	— *sylvatica.*
— *annularis.*	*Bulimus montanus.*
Hyalinia nitens.	*Clausilia fimbriata.*
— *subnitens.*	— *ventricosa.*
— *radiatula.*	— *carthusiana.*
Helix rotundata.	— *Rolphii.*
— *ruderata.*	— *gallica.*
— *rupestris.*	

8. FAUNULA NEMORALIS. — Dans la faunule némorale nous comprenons toutes les espèces qui vivent dans les bois, en général à une hauteur variant entre 500 et 1,000 mètres. C'est donc une faunule d'altitude inférieure à la précédente, mais vivant dans des conditions physiques à peu près similaires, du moins au point de vue des mœurs, du régime, des habitudes.

Ici les Limaces et les Arions sont moins nombreux que dans la faunule précédente ; en revanche, nous y trouvons un plus grand nombre de colimaciens. Cette faunule est très-développée dans toute la partie orientale et septentrionale du département.

Arion empiricorum.
— *ater.*
— *campestris.*
Limax agrestis.
— *sylvaticus.*
— *cinereo-niger.*
— *variegatus.*
Vitrina pellucida.
— *major.*
— *annularis.*
Hyalinia septentrionalis.
— *Blauneri.*
— *cellaria.*
— *alliaria.*
— *glabra.*
— *nitens.*
— *subnitens.*
— *nitida.*
— *nitidosa.*
— *nitidula.*
— *crystallina.*
— *fulva.*
— *callopistica.*
Helix rotundata.
— *ruderata.*
— *rupestris.*
— *aculeata.*
— *obvoluta.*
— *personata.*
— *villosa.*
— *montana.*
— *submontana.*
— *circinnata.*
— *glypta.*

Helix clandestina.
— *hispida.*
— *carthusiana.*
— *fructicum.*
— *strigella.*
— *lapicida.*
— *arbustorum.*
— *ericetorum.*
— *costulata.*
— *nemoralis.*
— *hortensis.*
— *sylvatica.*
— *aspersa.*
Bulimus montanus.
Clausilia silanica.
— *laminata.*
— *punctata.*
— *ventricosa.*
— *micropleuros.*
— *earina.*
— *Rolphii.*
— *nigricans.*
— *corynodes.*
— *tettelbachiana.*
Pupa hordeum.
— *secale.*
— *Semproni.*
— *umbilicata.*
— *muscorum.*
— *triplicata.*
Vertigo muscorum.
Cyclostoma elegans.
Pomatias septemspiralis.

9. FAUNULA HORTENSIS. — Cette faunule comprend toutes les espèces malacologiques qui vivent dans les jardins, les vergers, les prés, les champs, les vignes, en un mot dans les terrains cultivés des bas plateaux, des plaines et des vallées. Dans

ce groupe, les Hélices dominent. C'est la faune de la partie
occidentale du département.

Arion empiricorum.
— hortensis.
Limax agrestis.
— cinereus.
Testacella haliotidea.
Hyalinia nitida.
— crystallina.
— diaphana.
— fulva.
Helix pygmæa.
— pulchella.
— costata.
— hispida.
— plebeia.
— sericea.
— cinctella.
— incarnata.
— carthusiana.
— fruticum.
— ericetorum.
— heripensis.

Helix fasciolata.
— unifasciata.
— gesocribatensis.
— idanica.
— lieuranensis.
— nemoralis,
— hortensis.
— aspersa.
— pomatia.
Bulimus detritus.
Clausilia parvula.
Pupa frumentum.
— secale.
— avenacea.
— multidentata.
— dolium.
— doliolum.
— muscorum,
Vertigo edentula.
Cyclostoma elegans.

10. FAUNULA ARBORUM. — Il existe un certain nombre de
formes qui vivent assez volontiers sur les vieux troncs d'arbres;
quelques-unes grimpent assez haut, d'autres se cachent dans
les fentes des écorces rugueuses, d'autres enfin se logent sous
l'écorce elle-même ou dans l'intérieur des troncs pourris ; elles
se nourrissent de détritus et de végétaux cryptogamiques. Cette
faunule vit à toutes les altitudes, aussi bien dans la région des
plaines basses et des vallées que dans la région montagneuse.

Limax sylvaticus.
— cinereo-niger.
— variegatus.
Succinea oblonga.
Helix pulchella.
— costata.
— obvoluta.
— villosa.
— circinnata.
— glypta.

Helix fruticum .
Bulimus montanus.
Clausilia laminata.
— fimbriata.
— Rolphii.
— parvula.
Pupa umbilicata.
— muscorum.
Vertigo pygmæa.
Pomatias septemspiralis.

11. Faunula sepicola. — Sous cette dénomination nous comprendrons les espèces qui se récoltent le plus ordinairement dans les bois qui servent de séparation aux enclos, dans les buissons, les jeunes taillis, etc., en un mot les formes qui habitent plus volontiers sous les arbrisseaux, grimpant sur leurs tiges, se cachant à terre sous les feuilles pendant la sécheresse, se nourrissant soit de détritus, soit des jeunes pousses ; cette faune convient à toutes les altitudes, mais plus particulièrement cependant aux régions basses de la Dombes, de la Bresse et du Bugey.

Arion hortensis.
— *ater.*
Limax agrestis.
— *cinereus.*
Hyalinia crystallina.
Helix obvoluta.
— *hispida.*
— *plebeia.*
— *cinctella.*
— *incarnata.*
— *carthusiana.*
— *fruticum.*
— *strigella.*

Helix arbustorum.
— *nemoralis.*
— *hortensis.*
— *pomatia.*
Clausilia laminata.
— *parvula.*
— *tettelbachiana.*
Pupa secale.
— *doliolum.*
— *dolium.*
Vertigo pygmæa.
Pomatias septemspiralis.
Cyclostoma elegans.

12. Faunula mussicola. — On rencontre toute une catégorie de mollusques, en général de petite taille, qui se tiennent souvent cachés dans la mousse fraîche, sous les lichens, et en général sous les cryptogames ; à ces Gastéropodes terrestres nous avons joint quelques formes aquatiques qui peuvent vivre dans de telles conditions. Cette faunule, propre à toutes les altitudes, recherche cependant les endroits très-frais, très-humides, souvent couverts.

Arion empiricorum.
— *hortensis.*
Limax agrestis.
— *cinereus.*
— *variegatus.*
Vitrina pellucida.
— *major.*

Vitrina annularis.
Hyalinia alliaria.
— *nitidula.*
— *nitida.*
— *radiatula.*
— *crystallina.*
— *diaphana.*

Hyalinia fulva.
Helix rotundata.
— *pygmæa.*
— *aculeata.*
— *pulchella.*
— *costata.*
— *hispida.*
Ferussacia subcylindrica.
— *collina.*
Cæcilianella acicula.
Pupa frumentum.
— *secale.*
— *dolium.*
— *doliolum.*
— *multidentata.*
— *umbilicata.*
— *Semproni.*

Pupa muscorum.
— *bigranata.*
— *triplicata.*
Vertigo muscorum.
— *pygmæa.*
— *antivertigo.*
— *plicata.*
— *pusilla.*
Carychium minimum.
— *tridentatum.*
Acme Dupuyi.
— *lineata.*
— *polita.*
Physa hypnorum.
— *contorta.*
Limnæa peregra.
— *truncatula.*

MOLLUSQUES AQUATIQUES

1° *Faunules basées sur les conditions hydrographiques.*

13. F**aunula fluviatilis**. — Cette faunule renferme toutes
les formes qui vivent dans les cours d'eau, fleuves, rivières,
ruisseaux et torrents, c'est-à-dire dans des milieux aux eaux
généralement claires et plus ou moins mouvementées. Nous y
voyons ordinairement peu ou pas de Limnées et de Planorbes;
c'est surtout la faune des Unio et des Dreissena.

Limnæa corvus.
— *truncatula.*
— *palustris.*
Ancylus simplex.
— *riparius.*
— *capuloïdes.*
Vivipara fasciata.
Bythinia tentaculata.
Paludinella viridis.
Belgrandia vitrea.
Neritina fluviatilis.
Sphærium rivicola.
— *corneum.*

Pisidium amnicum.
— *casertanum.*
Unio sinuatus.
— *rhomboideus.*
— *Barraudi.*
— *Philippi.*
— *batavus.*
— *nanus.*
— *subtilis.*
— *elongatulus.*
— *Moquinianus.*
— *Requieni.*
— *pictorum.*

Anodonta cygnœa.	*Anodonta Servaini.*
— *piscinalis.*	— *nycteriana.*
— *anatina.*	*Dreissena polymorpha.*

14. **Faunula lacustris.** — Dans cette division nous comprenons les mollusques qui habitent les eaux des grands lacs, comme ceux des Hôpitaux, de Silan, de Nantua, etc. Les caractères de cette faunule sont moins précis que ceux des faunules voisines, car parmi les espèces qui la composent se trouvent la plupart des formes des faunules fluviatiles et paludéennes. Il est probable cependant que des sondages convenablement exécutés décèleront l'existence d'un certain nombre d'espèces typiques comme cela vient d'avoir lieu pour le lac Léman.

Planorbis vortex.	*Bythinia tentaculata.*
— *albus.*	*Valvata obtusa.*
— *Crosseanus.*	— *piscinalis.*
— *complanatus.*	*Neritina fluviatilis.*
— *submarginatus.*	*Sphærium corneum.*
Limnœa auricularia.	— *nucleum.*
— *limosa.*	*Unio batavus.*
— *peregra.*	— *Requieni.*
— *palustris.*	— *pictorum.*
— *truncatula.*	*Anodonta eucypha.*
— *stagnalis.*	— *acyrta.*
— *elophila.*	— *cygnœa.*
— *raphidia.*	— *Rossmassleriana.*
Ancylus lacustris.	— *anatina.*

15. **Faunula palustris.** — La faune paludéenne est incontestablement la plus riche des faunes aquatiques ; elle comprend toutes les formes qui vivent dans les nombreux dépôts d'eaux stagnantes peu profondes du département, telles que les mares, marais, étangs, fossés, bassins, etc. C'est la faunule par excellence des Limnées, des Planorbes et des Anodontes ; tous ces mollusques se nourrissent de conferves ou de petites plantes qui croissent dans ces eaux aux fonds plus ou moins vaseux. Comme nous l'avons déjà dit, c'est surtout dans les étangs non cultivés qu'il faudra étudier cette faune.

Planorbis complanatus.
— *carinatus.*
— *submarginatus.*
— *vortex.*
— *rotundatus.*
— *cristatus.*
— *albus.*
— *Crosseanus.*
— *corneus.*
Physa acuta.
— *hypnorum.*
— *contorta.*
Limnæa auricularia.
— *canalis.*
— *limosa.*
— *peregra.*
— *intermedia.*
— *corvus.*
— *palustris.*
— *stagnalis.*
— *elophila.*
Ancylus capuloïdes.

Ancylus lacustris.
Vivipara fasciata.
Bythinia tentaculata.
Valvata piscinalis.
— *obtusa.*
— *cristata.*
Sphærium rivicola.
— *Ryckholti.*
— *Brochonianum.*
— *corneum.*
— *nucleum.*
— *lacustre.*
Pisidium pusillum.
— *Gassiesianum.*
— *casertanum.*
— *amnicum.*
Unio batavus.
— *pictorum.*
Anodonta eucypha.
— *acyrta.*
— *Rossmässleriana.*
— *anatina.*

16. FAUNULA FONTANA. — Dans les eaux des fontaines, c'est-à-dire dans les eaux claires, limpides, mais tranquilles et non courantes, vivent un petit nombre d'espèces en général au test mince, fragile, et de taille assez faible; nous citerons dans ces conditions :

Planorbis nitidus.
— *fontanus.*
— *vortex.*
— *contortus.*
— *spirorbis.*

Physa fontinalis.
Limnæa limosa.
— *intermedia.*
— *truncatula.*
— *peregra.*

17. FAUNULA LIMPHANA. — Dans les sources, c'est-à-dire dans les eaux claires, limpides, fraîches mais courantes, on peut récolter quelques espèces particulières; nous y retrouvons également une partie de la faune précédente, mais alors sous forme de variétés de taille un peu plus forte; le type de cette faunule est le genre *Pisidium.*

Planorbis nitidus.
— *fontanus.*

Planorbis rotundatus.
— *spirorbis.*

Planorbis contortus.	*Ancylus simplex.*
Physa fontinalis.	*Paludinella bulimoidea.*
— *acuta.*	— *pupoides.*
Limnæa auricularia.	*Belgrandia vitrea.*
— *limosa.*	*Pisidium pusillum.*
— *peregra.*	— *Gassiesianum.*
— *intermedia.*	— *casertanum.*
— *truncatula.*	— *amnicum.*

2e *Faunules basées sur les conditions physiques.*

18. FAUNULA ADHÆRESCENS. — Nous comprenons sous cette appellation les espèces aquatiques que l'on récolte le plus souvent sur les pierres et les rochers noyés au fond ou mieux au bord de l'eau, contre lesquels elles adhèrent plus ou moins fortement. Ces mollusques se nourrissent des conferves qui croissent à côté d'eux sur ces mêmes rochers. Quelques-uns, comme les Ancyles, se déplacent peu ; d'autres, comme les Limnées et les Physes, ne s'y tiennent qu'accidentellement. Enfin d'autres mollusques, comme les Dreissena, s'attachent aux pierres et aux rochers par un byssus particulier. Le type de cette faunule est l'Ancyle.

Ancylus simplex.	*Limnæa limosa.*
— *riparius.*	— *intermedia.*
— *capuloides.*	— *peregra.*
— *lacustris.*	— *truncatula.*
Bythinia tentaculata.	*Neritina fluviatilis.*
Physa acuta.	*Dreissena polymorpha.*

19. FAUNULA PLANTARUM. — Un grand nombre de Gastéropodes aquatiques passent une partie de leur existence attachés sur les tiges des plantes, sur les feuilles, sur les débris végétaux de toute nature qui flottent à la surface de l'eau, puisant leur nourriture dans ces différents éléments. En outre, quelques Lamellibranches se plaisent au milieu des racines de ces mêmes plantes ; mais comme alors ils sont enfouis dans la vase, nous les avons classés dans une autre faunule. La faunule qui nous

occupe est surtout caractérisée par l'abondance des Limnées
et des Planorbes.

Planorbis nitidus.	*Limnæa canalis.*
— *fontanus.*	— *limosa.*
— *complanatus.*	— *peregra.*
— *carinatus.*	— *intermedia.*
— *submarginatus.*	— *truncatula.*
— *vortex.*	— *corvus.*
— *rotundatus.*	— *palustris.*
— *spirorbis.*	— *stagnalis.*
— *cristatus.*	— *elophila.*
— *imbricatus.*	— *raphidia.*
— *contortus.*	*Paludinella viridis.*
— *albus.*	— *bulimoidea.*
— *Crosseanus.*	— *abbreviata.*
— *corneus.*	— *turriculata.*
Physa fontinalis.	— *pupoides.*
— *acuta.*	*Belgrandia vitrea.*
— *hypnorum.*	*Hydrobia Charpyi.*
Limnæa auricularia.	*Lartetia diaphana.*

20. FAUNULA ARENOSA. — On trouve quelques espèces qui
rampent volontiers sur le sable ou sur le gravier à éléments
tantôt grossiers, tantôt très-fins, tandis qu'il en est d'autres qui
s'enfouissent plus ou moins profondément dans ce même gravier, comme la plupart des Unios qui caractérisent du reste
cette faunule.

Bythinia tentaculata.	*Unio nanus.*
Valvata contorta.	— *subtilis.*
— *piscinalis.*	— *elongatulus.*
— *obtusa.*	— *Moquinianus.*
— *cristata.*	— *Requieni.*
Unio sinuatus.	— *pictorum.*
— *rhomboideus.*	*Anodonta anatina.*
— *Barraudi.*	— *parvula.*
— *Philippi.*	— *piscinalis.*
— *batavus.*	— *nycteriana.*

21. FAUNULA LIMOSA. — Dans cette dernière faunule nous
classons les mollusques qui préfèrent la vase au sable, soit
qu'ils rampent sur le sol comme quelques Valvées, soit qu'ils

s'y enfoncent plus ou moins profondément entre les racines des plantes aquatiques comme les Pisidies.

Planorbis complanatus.
— *rotundatus.*
— *cristatus.*
— *imbricatus.*
Limnæa auricularia.
— *canalis.*
— *limosa.*
— *peregra.*
— *palustris.*
— *stagnalis.*
— *elophila.*

Valvata cristata.
— *piscinalis.*
Sphærium rivicola.
— *corneum.*
— *nucleum.*
— *Brochonianum.*
— *Ryckholti.*
Pisidium pusillum.
— *Gassiesanum.*
— *casertanum.*
— *amnicum.*

TABLE DES MATIÈRES

AURICULIDÆ

PULMONOBRANCHIATA

LIMNÆIDÆ

ANCYLIDÆ

GASTEROPODA OPERCULATA

PULMONACEA

CYCLOSTOMIDÆ

BRANCHIATA

PALUDINIDÆ

MELANIDÆ

VALVATIDÆ

NERITINIDÆ

ACEPHALA

LAMELLIBRANCHIATA

SPHÆRIDÆ

9 782014 449648